생각을 넓혀라!
와/이/드/키/

생각을 넓혀라! 와/이/드/키/

ⓒ 손남욱, 2018

초판 1쇄 발행 2018년 7월 24일

지은이   손남욱
펴낸이   이기봉
편집   좋은땅 편집팀
펴낸곳   도서출판 좋은땅
주소   경기도 고양시 덕양구 통일로 140 B동 442호(동산동, 삼송테크노밸리)
전화   02)374-8616~7
팩스   02)374-8614
이메일   so20s@naver.com
홈페이지   www.g-world.co.kr

ISBN   979-11-6222-599-8 (53410)

고등 1학년, 수학의 문을 열자

생각을 넓혀라!
와/이/드/키

손남욱 지음

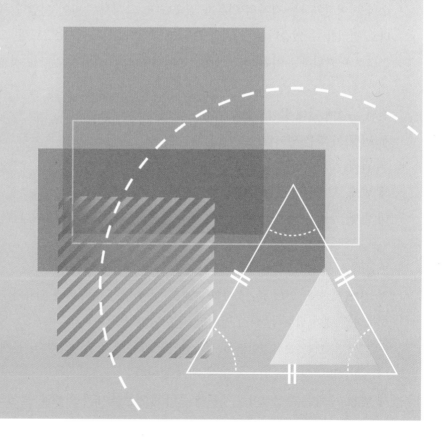

좋은땅

수학을 잘하고 싶나요?

수학을 잘하는 방법은 여러 가지가 있습니다. 그리고 수학을 잘하는 사람들이 세워놓은 방법, 노하우들도 많이 있습니다. 그런데 수학을 잘하는 사람은 생각보다 많지 않습니다.

그 이유는 무엇일까요?
그 이유에 대해 어떤 사람은 노력이 부족해서, 어떤 사람은 수학적 머리가 부족해서라고 합니다. 이 모두 틀린 말은 아닙니다.

하지만 필자는 이보다 근본적인 원인에 접근하려고 합니다.

수학이 어려운 이유가 무엇일까요?
수학을 어려워하는 각자의 이유가 있습니다. 그래서 수학이 어렵다는 이유와 해결방법을 하나로 정의할 수 없습니다. 하지만 모두가 공감하는 부분이 있습니다. 모두가 공감하는 부분과 스스로 어려워하는 이유를 찾아 해결한다면 수학이 어렵지 않다는 것을 느끼게 됩니다.

먼저 수학에 대해 알아보겠습니다.
첫 번째, 수학은 언어입니다.
두 번째, 수학은 어느 학문보다 논리적이면서 추론적입니다.
세 번째, 수학은 추상적입니다.
네 번째, 수학은 다른 학문과 달리 접근하는 방법이 그때그때 다릅니다.

그렇다면 우리는 수학을 접할 때 아래와 같이 해야 합니다.
첫 번째, 수학은 언어 즉, 숫자와 기호로 이뤄져 있기 때문에 숫자와 기호를 익숙하게 그리고 친숙하게 해야 합니다. 다시 말하면 자주 봐야겠죠.
두 번째, 수학은 논리적이면서 추론적이기 때문에 정의 · 정리 및 문제를 접할 때, "왜?", "만약 ~한다면?"이라는 질문을 많이 해야 합니다.
세 번째, 수학은 추상적이기 때문에 주어진 이론을 내가 이해할 수 있도록 스스로 구조화해야 합니다. 많은 학생들이 이 부분을 가장 어려워합니다.

네 번째, 수학은 선 암기, 후 이해가 되기도 하고 선 이해, 후 암기가 되어야 하기도 합니다. 다시 말하면 정의·정리 및 성질, 공식 등을 먼저 암기하고 문제를 접근할 때도 있어야 하고 때로는 문제를 통해 정의·정리 및 성질, 공식 등을 이해할 때도 있어야 합니다.

위 네 가지보다 가장 중요한 두 가지가 있습니다.

첫 번째, 수학에 대한 마음가짐입니다. 수학은 결코 어려운 학문이 아니므로 충분히 도전하고 성취할 수 있습니다. 수학은 시간이 많이 필요한 학문이므로 천천히 오랫동안 생각해야 합니다. 물론 현실은 이러한 마음가짐을 허락하지는 않죠. 하지만 이러한 마음가짐으로 수학을 접한다면 수학이 점점 쉬워짐을 느끼게 될 것입니다.

두 번째, 건물을 지을 때, 기초공사가 튼튼해야 하듯이 수학공부를 할 때 최소한의 기초는 다져져 있어야 합니다. 예를 들면, 고등학교 1학년 수학을 배우기 위해서 중학교 이하 수학과정을 모두 알고 있어야 합니다. 이에 다음 단계를 가기 위해 미리 준비할 수 있는 교재나 수업 듣기를 추천합니다.

《생각을 넓혀라 와이드키 – 고등 1학년, 수학의 문을 열자》는 어떤 교재일까요?

본 교재는 고등 1학년 수학을 하기 전 최소한 알아야 할 중등수학을 담은 교재입니다.

따라서 본 교재는 아래와 같은 학생들에게 추천합니다.

　　※ 수학에 자신이 없는 예비 고등 1학년 학생
　　※ 고등수학 시작이 두려운 학생
　　※ 중등수학 공부를 게을리 하거나 잘 못했던 학생
　　※ 고등수학을 미리 준비하고 싶은 학생

이 교재를 통해 고등수학을 보다 쉽게 접근할 수 있기를 바라며 수포자가 없기를 또한 바랍니다.

INDEX(목차)

I

수와 식

우리는 태어나면 먼저 언어를 배웁니다. 이때, 모국어를 배움과 동시에 숫자를 배웁니다. 모국어만 배워도 의사소통에 있어 큰 어려움이 없을 텐데 도대체 왜 숫자도 함께 배울까요?

그 이유는 숫자는 우리의 삶에 있어 꼭 필요하며 가장 중요한 언어이고 모든 사람들이 알고 사용하는 유일한 언어이기 때문입니다.

숫자가 우리의 삶에 있어 꼭 필요한 이유는 무엇일까요?
또한 중요한 이유는 무엇일까요?

만약 숫자를 모른다고 가정을 해 봅시다.
달력을 볼 수 없게 됩니다. 그리고 시계를 볼 수 없게 되죠(여기서 시계는 숫자로 표시된 시계를 말함). 또한 전화를 할 수 없게 됩니다. 시계, 달력, 전화가 없던 시대에는 숫자를 몰라도 큰 불편함이 없겠지만, 현재 우리가 이것들을 알 수 없게 된다면 많이 불편할 것입니다.

또 다른 예로는 물건을 사는 데 있어 어려움이 따를 것입니다. 대부분 물건에는 숫자로 가격표시가 되어 있습니다. 그렇다면 물건을 사려고 할 때, 숫자를 읽을 수 없으므로 각각의 물건의 가격을 확인하기 위해서 번거롭게 직원에게 물어야 합니다.

따라서 숫자는 우리에게 꼭 필요하면서도 삶에 있어 매우 중요한 언어입니다.

그렇다면 숫자 말고 숫자를 대신할 언어를 표현하면 되지 않을까요?
만약 한글로 숫자를 대신 표현하면 한글을 사용하는 사람들에게 있어 큰 어려움은 없습니다. 하지만 우리나라를 찾아오는 외국인은 한글로 쓰인 숫자를 읽을 수 없기에 불편할 것입니다. 그리고 만약 우리가 외국으로 가게 된다면 우리 또한 불편하게 될 것입니다.
한글이나 영어 이외 다른 문자로 대신 사용한다면?
만약 숫자 대신 다른 문자로 대체할 경우 전 세계 모든 사람들에게 알리고 공표해야 하며 가르쳐야 합니다. 따라서 숫자 대신 사용할 수 있는 언어나 문자로 표현하기에는 현실적으로 거의 불가능합니다.

위에서 언급한 바와 같이 숫자는 우리에게 편리함을 주는 매우 중요한 언어이면서 다른 언어나 문자로 대체할 수 없는 유일한 세계 공통어입니다. 이러한 숫자를 우리는 꼭 배워야 하고 알아야 합니다.

01 수와 연산

정수와 유리수

1) 유리수

기약 분수인 $\dfrac{b}{a}$, $(a \neq 0)$인 꼴

2) 유리수 체계

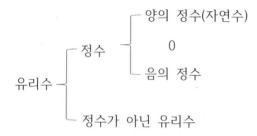

3) 크기 비교

두 유리수의 크기를 비교할 때, 같은 형태로 만들어 비교하는 것이 좋습니다.

* 크기 비교하는 방법!
- 분모를 통분하여 분자의 크기를 비교하기
- 소수로 나타내어 크기를 비교하기

4) 역수

분모와 분자를 바꾼 수를 역수라고 합니다.

* 여기서 말하는 역수는 곱에 대한 역수를 말합니다.

$\dfrac{b}{a}$의 역수 : $\dfrac{a}{b}$ $(a \neq 0, b \neq 0)$

5) 절댓값

원점에서의 거리를 말합니다.

즉, 수직선 0으로부터 어떤 수를 나타내는 점 사이 거리, 쉽게 말하면 부호를 떼어낸 수를 말합니다.

$$\begin{cases} -a\text{의 절댓값} : |-a| = a \\ +a\text{의 절댓값} : |+a| = a \end{cases} \quad a > 0$$

6) 수 연산에 관한 법칙

세 수 a, b, c에 대하여

덧셈의 교환법칙 : $a+b=b+a$

덧셈의 결합법칙 : $(a+b)+c=a+(b+c)$

곱셈의 교환법칙 : $a \times b = b \times a$

곱셈의 결합법칙 : $(a \times b) \times c = a \times (b \times c)$

분배법칙 : $a \times (b+c) = a \times b + a \times c$

7) 번분수와 연분수

* 번분수란? 분수에서 분자 또는 분모 또는 분자와 분모 모두 분수로 표현되는 경우를 말합니다.

네 수 a, b, c, d에 대하여

- 형태 : $\dfrac{\dfrac{d}{c}}{\dfrac{b}{a}}$

- 번분수 풀이 :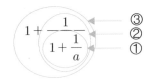

* 연분수란? 하나의 분자에 대하여, 순차적으로 분모에 또다시 분수를 넣어 연속되어 내려가는 분수를 말합니다.

- 연분수 풀이 과정 : ① → ② → ③

$$1 + \cfrac{1}{1 + \cfrac{1}{a}}$$

거듭제곱 표현과 지수법칙

1) 거듭제곱이란?

같은 수를 여러 번 곱한 결과를 간단히 나타낸 것을 말합니다.

예) $a \times a = a^2$

$\quad a \times a \times a = a^3$

$\quad a \times a \times a \times a = a^4$

$\qquad \vdots$

$a^2, a^3, a^4, \cdots$을 a의 거듭제곱이라고 함.

2) 용어 정리

3) 지수법칙

* 첫 번째!
밑수가 같을 경우 곱은 지수끼리 더하는 것과 같습니다.
$a^m \times a^n = a^{m+n}$, $a \neq 0$ (m, n은 자연수)

* 두 번째!
밑수가 같을 경우 나누기는 지수끼리 **빼는** 것과 같습니다.
$a^m \div a^n = a^{m-n}$, $a \neq 0$ (m, n은 자연수)

* 세 번째!
지수에 지수가 있을 경우
$\left(a^m\right)^n = a^{m \times n}$, $a \neq 0$ (m, n은 자연수)

약수와 배수

1) 약수
어떤 수를 나누어 떨어지게 하는 수를 말합니다.

* 약수의 개수와 약수들의 합
$p = a^m b^n$, (a, b는 소수, m, n은 자연수)일 경우
p 약수의 개수 : $(m+1)(n+1)$
p 약수들의 합 : $\left(1 + a + a^2 + \cdots + a^m\right)\left(1 + b + b^2 + \cdots + b^n\right)$

2) 배수
어떤 수의 몇 곱절이 되는 수를 말합니다.
예) 2의 배수 : 2, 4, 6, …

3) 공약수와 공배수
* 공약수란? 두 수 이상 수에 대하여 각 수의 약수들 중 공통으로 있는 수를 말합니다.
예) 6과 8의 공약수 : 1, 2
6의 약수 : ①, ②, 3, 6
8의 약수 : ①, ②, 4, 8

* 공배수란? 두 수 이상 수에 대하여 각 수의 배수들 중 공통으로 있는 수를 말합니다.
예) 2와 3의 공배수 : 6, 12, … (6의 배수)
2의 배수 : 2, 4, ⑥, 8, 10, ⑫, …
3의 배수 : 3, ⑥, 9, ⑫, 15, 18, …

4) 최대공약수와 최소공배수

* 최대 공약수란? 공약수 중 가장 큰 수를 말합니다.
3)번의 예)에서 6과 8의 최대공약수는 2입니다.

* 최소 공배수란? 공배수 중 가장 작은 수를 말합니다.
3)번의 예)에서 2와 3의 최소공배수는 6입니다.

> **참고**
> 최대공약수, 최소공배수 구하는 방법은 중학과정 또는 이후 문제를 통해 확인하시길 바랍니다.

무리수

1) 제곱근
$a \geq 0$에 대하여
* a의 제곱근 : $x^2 = a$에서 방정식의 해인 x값을 말합니다. 예) 2의 제곱근 : $\pm\sqrt{2}$
* 제곱근 a : $\sqrt{a}$ 예) 제곱근 2 : $\sqrt{2}$

2) 어림수
* 어림하기

$$\sqrt{1} \quad \sqrt{2} \quad \sqrt{3} \quad \sqrt{4} \quad \sqrt{5} \quad \sqrt{6} \quad \sqrt{7} \quad \sqrt{8} \quad \sqrt{9} \quad \sqrt{10} \quad \cdots$$
$$\Downarrow \qquad\qquad\qquad \Downarrow \qquad\qquad\qquad\qquad\qquad \Downarrow$$
$$1 \qquad\qquad\qquad 2 \qquad\qquad\qquad\qquad\qquad 3$$

3) 크기 비교 ($\sqrt{a}$, $\sqrt{b}$의 크기를 비교)
* $(\sqrt{a})^2 - (\sqrt{b})^2 > 0 \rightarrow \sqrt{a} > \sqrt{b}$
* $(\sqrt{a})^2 - (\sqrt{b})^2 < 0 \rightarrow \sqrt{a} < \sqrt{b}$
참고) $\sqrt{a} > \sqrt{b}$에서 $\sqrt{a}$, $\sqrt{b}$ 모두 양수이므로 각각 제곱하면 $a > b$입니다.
$\therefore$ $\sqrt{a}$, $\sqrt{b}$ 모두 양수이므로 각각 제곱해도 부등호 방향은 바뀌지 않습니다.

4) 유리화
무리수가 있는 부분을 유리수가 되도록 하는 과정을 말합니다.

* 분모 유리화
분모가 무리수(무리식)일 경우 유리수(유리식)가 되도록 하는 과정을 말합니다.

- 분모 유리화하는 첫 번째 방법!
근호로 이루어진 단항식일 경우 같은 수를 분모와 분자에 곱하기

$$\rightarrow \frac{b}{\sqrt{a}} = \frac{b \times \sqrt{a}}{\sqrt{a} \times \sqrt{a}} = \frac{b\sqrt{a}}{a}, \ a \neq 0$$

- 분모 유리화하는 두 번째 방법!
항이 2개인 다항식인 경우 합차공식을 이용하기

$$\rightarrow \frac{c}{\sqrt{a} + \sqrt{b}} = \frac{c \times (\sqrt{a} - \sqrt{b})}{(\sqrt{a} + \sqrt{b}) \times (\sqrt{a} - \sqrt{b})} = \frac{c(\sqrt{a} - \sqrt{b})}{a - b}, \ a \neq b$$

5) 무리수의 사칙연산
* 무리수의 덧셈과 뺄셈 : 동류항끼리 덧셈과 뺄셈을 할 수 있습니다.
* 무리수에서 동류항이란? $\sqrt{}$ 안의 수나 문자가 같은 것을 말합니다.
즉, $\sqrt{2}$ 와 $\sqrt{3}$ 은 동류항이 아닙니다. $\sqrt{2}$ 와 $2\sqrt{2}$ 는 동류항입니다.

참고
$\sqrt{2}$ 와 $\sqrt{3}$ 은 동류항이 아니기 때문에 $\sqrt{2}$ 와 $\sqrt{3}$ 은 서로 더하거나 뺄 수 없습니다.

* $\sqrt{a \times b}$ 에서 $a > 0, b > 0$ 일 경우 $\sqrt{a \times b} = \sqrt{a} \times \sqrt{b}$ 입니다.

* 혼합계산 계산 순서
① 거듭제곱이 있으면 지수법칙에 따라 거듭제곱을 계산하기
② 나눗셈이 있으면 곱셈으로 바꾸기
③ 괄호는 소괄호, 중괄호, 대괄호 순으로 계산하기
④ 분배법칙 등을 이용하여 나타내기
⑤ 동류항끼리 덧셈 또는 뺄셈을 통해 계산 및 정리하기

* 수 체계

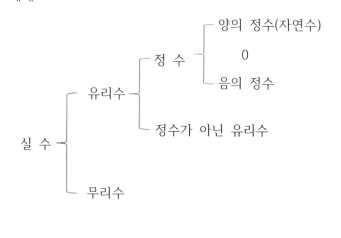

02 다항식

다항식의 연산

1) 다항식 : 항이 1개 이상으로 이뤄진 식을 말합니다.

　　단항식 : 항이 1개로만 이뤄진 식

2) 항과 식

* $a-b+2$에 대하여

$a-b+2$: 식

$a, \ -b, \ 2$: 항

3) 동류항

같은 종류의 항을 말합니다. 즉, 미지수와 차수가 같은 항을 말합니다.

예) a와 $2a$는 동류항

　　a와 $2a^2$은 동류항이 아님

　　a와 $2b$는 동류항이 아님

4) 다항식의 사칙연산

* 다항식 뺄셈에서 주의해야 할 점!

$a-(-ax+b)= a+ax-b$ (O)

$a-(-ax+b)= a+ax+b$ (X)

* 전개란? 분배법칙을 이용하여 식을 펼쳐 놓은 것을 말합니다.

$$(x+y)(y+z)$$

$$\underbrace{x\times y+x\times z}+\underbrace{y\times y+y\times z}$$

$$\underset{x\times(y+z)}{\Downarrow} \qquad \underset{y\times(y+z)}{\Downarrow}$$

* 주의해야 할 점!

$$\begin{aligned}-(-3x+8) &= -1\times(-3x+8) \\ &= \boxed{-1\times(-3x)+(-1)\times 8} \\ &= 3x-8\end{aligned}$$

곱셈공식

1) 곱셈공식
다항식의 곱셈뿐 아니라 일반적인 곱셈을 보다 더 빠르고 편리하게 계산할 수 있도록 하는 공식입니다.

2) 곱셈공식의 종류
합차공식 : $(x+y)(x-y) = x^2 - y^2$
완전제곱식 : $(x+y)^2 = x^2 + 2xy + y^2$
참고) $(x-y)^2 = x^2 - 2xy + y^2$

3) 곱셈공식 응용
$x^2 + y^2 = (x+y)^2 - 2xy = (x-y)^2 + 2xy$

$x^2 + \dfrac{1}{x^2} = \left(x \pm \dfrac{1}{x}\right)^2 \mp 2$

참고) $\left(x \pm \dfrac{1}{x}\right)^2 = x^2 \pm 2 + \dfrac{1}{x^2}$

인수분해

1) 인수분해
하나의 다항식을 두 개 이상 인수의 곱으로 나타내는 것을 말합니다. 즉, 하나의 다항식을 두 개 이상의 곱으로 나타내는 것을 말합니다.

2) 인수분해 공식
$mx + my = m(x+y)$
$x^2 - y^2 = (x+y)(x-y)$
$x^2 + 2xy + y^2 = (x+y)^2$

3) ~에 관한 식/~에 대하여 풀다
* x에 관한 식이란? 주어진 식을 x로만 이뤄질 수 있도록 나타내는 것을 말합니다.
예) $x^2 + 2x$ (O), $x^2 + 2xy$ (X)
* x에 대하여 풀다 → '$x =$'으로 이뤄지는 것을 말합니다.
예) $x + y + 1 = 0$ → $x = -y - 1$

　정 수 와　유 리 수

개념해설

유리수 체계

$$유리수 \begin{cases} 정수 \\ 정수가\ 아닌\ 유리수 \end{cases}$$

대표 문제 1 다음 물음에 답하세요.

$\dfrac{1}{2}$	$\dfrac{6}{2}$	1	0	-0.1

(1) 정수인 것은?

(2) 정수가 아닌 유리수는?

(1) 정수 : $\dfrac{6}{2}$, 1, 0

 ＊ $\dfrac{6}{2} = 3$

(2) 정수가 아닌 유리수 : $\dfrac{1}{2}$, -0.1

 ＊ $-0.1 = -\dfrac{1}{10}$

01-1. 다음 물음에 답해 봅시다.

-1.0	3	$0.2\dot{1}$	$\dfrac{4}{2}$	0

(1) 정수인 것은?

(2) 정수가 아닌 유리수는?

01-2. 다음 물음에 답해 봅시다.

-1.01	$0.1212\cdots$	$\dfrac{1}{3}$	$0.\dot{9}$	$0.\dot{1}$

(1) 정수인 것은?

(2) 정수가 아닌 유리수는?

개념해설

역수!

$$\dfrac{b}{a}의\ 역수 \rightarrow \dfrac{a}{b} \quad (a \neq 0, b \neq 0)$$

대표 문제 2 다음 $\dfrac{3}{5}$ 을 역수로 나타내세요.

$\dfrac{3}{5}$의 역수 $\rightarrow \dfrac{5}{3}$

다음 수를 역수로 나타내어 봅시다.

02-1. 2

2의 역수 $\rightarrow 2 = \dfrac{2}{1}$ 이므로 $\dfrac{2}{1}$ 의 역수로 나타내기

02-2. -3

-3의 역수 $\rightarrow$

02-3. $\dfrac{4}{3}$

$\dfrac{4}{3}$의 역수 $\rightarrow$

02-4. $\dfrac{5}{6}$

$\dfrac{5}{6}$의 역수 $\rightarrow$

02-5. $-\dfrac{3}{5}$

$-\dfrac{3}{5}$의 역수 $\rightarrow$

크기 비교
첫 번째, 분모를 통분하여 분자의 크기 비교하기
두 번째, 소수로 나타내어 크기 비교하기

대표 문제 3 다음 두 수의 크기를 비교해 보세요.

$$3.25와 \frac{17}{5}$$

방법 1) 두 수 모두 분수로 바꾸기!

$3.25 = \frac{325}{100}$ 이고 $\frac{17}{5} = \frac{340}{100}$ 이므로

$\therefore 3.25 < \frac{17}{5}$

방법 2) 두 수 모두 소수로 바꾸기!

$\frac{17}{5} = 3.4$ 이므로 $\therefore 3.25 < \frac{17}{5}$

참고) 두 방법 모두 사용가능하므로 보다 편리한 방법을 선택하는 것이 중요!

다음 주어진 수의 크기를 비교해 봅시다.

○3-**1.** $-\frac{1}{3}$, $-\frac{1}{2}$

(풀이)

분모를 통분하여 크기 비교

정답 : _____

○3-**2.** $\frac{11}{6}$, 2

(풀이)

정답 : _____

○3-**3.** 2.4, $\frac{9}{4}$, $\frac{13}{5}$

(풀이)

정답 : _____

○3-**4.** $-\frac{4}{3}$, -1.3, $-\frac{7}{6}$

(풀이)

정답 : _____

절댓값

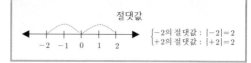

$\begin{cases} -2의 절댓값 : |-2|=2 \\ +2의 절댓값 : |+2|=2 \end{cases}$

대표 문제 4 다음 -5의 절댓값을 구하세요.

-5의 절댓값 : $|-5|=5$

다음 수의 절댓값을 구해 봅시다.

○4-**1.** -3

-3의 절댓값 →

○4-**2.** $+4$

$+4$의 절댓값 →

○4-**3.** -1.6

-1.6의 절댓값 →

○4-**4.** 0

0의 절댓값 →

○4-**5.** $+\frac{1}{2}$

$+\frac{1}{2}$의 절댓값 →

○4-**6.** $-\frac{4}{7}$

$-\frac{4}{7}$의 절댓값 →

대표 문제 5 다음 절댓값이 5인 수를 구하세요.

$|-5|=|+5|=5$이므로 절댓값이 5인 수는 $-5, 5$입니다.

세 수 a, b, c에 대하여
덧셈의 교환법칙 : $a+b=b+a$
덧셈의 결합법칙 : $(a+b)+c=a+(b+c)$

다음 물음에 답해 봅시다.

05-1. 절댓값이 3인 수

절댓값이 3인 수 $\rightarrow$

05-2. 절댓값이 4인 수

절댓값이 4인 수 $\rightarrow$

05-3. 절댓값이 1.6인 수

절댓값이 1.6인 수 $\rightarrow$

05-4. 절댓값이 0인 수

절댓값이 0인 수 $\rightarrow$

05-5. 절댓값이 $\dfrac{1}{2}$인 수

절댓값이 $\dfrac{1}{2}$인 수 $\rightarrow$

05-6. 절댓값이 $\dfrac{4}{7}$인 수

절댓값이 $\dfrac{4}{7}$인 수 $\rightarrow$

대표 문제 6 $\dfrac{3}{5}+2+\dfrac{2}{5}$ 덧셈의 연산법칙을 이용하여 계산하세요.

$$\dfrac{3}{5}+2+\dfrac{2}{5}$$
$$=\dfrac{3}{5}+\dfrac{2}{5}+2 \qquad \mapsto \text{덧셈의 교환법칙}$$
$$=\left(\dfrac{3}{5}+\dfrac{2}{5}\right)+2 \qquad \mapsto \text{덧셈의 결합법칙}$$
$$=1+2 \ = \ 3$$

덧셈의 연산법칙을 이용하여 계산해 봅시다.

06-1. $(-3)+4+3$
(풀이)
준 식 =   덧셈의 교환법칙

      =   덧셈의 결합법칙

      =   계산 및 정리하기

정답 : _____

06-2. $3+4+(-3)+2$
(풀이)
준 식 =

정답 : _____

O6-3. $(-5)+4+5+6$

(풀이)

준 식 =

정답 : _____

O6-4. $\left(-\dfrac{5}{6}\right)+(-2)+\dfrac{11}{6}$

(풀이)

준 식 =

정답 : _____

O6-5. $\dfrac{1}{6}+4+\left(-\dfrac{7}{6}\right)+(-2)$

(풀이)

준 식 =

정답 : _____

O6-6. $\dfrac{1}{4}+\dfrac{6}{5}+\left(-\dfrac{5}{4}\right)+\dfrac{24}{5}$

(풀이)

준 식 =

정답 : _____

세 수 a, b, c에 대하여

곱셈의 교환법칙 : $a \times b = b \times a$

곱셈의 결합법칙 : $(a \times b) \times c = a \times (b \times c)$

대표 문제 7 $\dfrac{5}{2} \times 3 \div \left(-\dfrac{5}{4}\right)$ 곱셈의 연산법칙을 이용하여 계산하세요.

$$\dfrac{5}{2} \times 3 \div \left(-\dfrac{5}{4}\right)$$

$$= \dfrac{5}{2} \times 3 \times \left(-\dfrac{4}{5}\right) \qquad \mapsto \div 를 \times 로 \ 바꾸기(역수)$$

$$= \dfrac{5}{2} \times \left(-\dfrac{4}{5}\right) \times 3 \qquad \mapsto 곱셈의 \ 교환법칙$$

$$= \left\{\dfrac{5}{2} \times \left(-\dfrac{4}{5}\right)\right\} \times 3 \qquad \mapsto 곱셈의 \ 결합법칙$$

$$= (-2) \times 3 = -6$$

곱셈의 연산법칙을 이용하여 계산해 봅시다.

O7-1. $4 \times (-3) \div 2$

(풀이)

준 식 = 곱셈의 교환법칙

= 곱셈의 결합법칙

= 계산 및 정리하기

정답 : _____

O7-2. $15 \times 2 \div (-5)$

(풀이)

준 식 =

정답 : _____

07-3. $6 \div (-5) \div 3$

(풀이)

준 식 =

정답 : _____

07-4. $\dfrac{3}{7} \times \dfrac{2}{5} \div \dfrac{3}{14}$

(풀이)

준 식 =

정답 : _____

07-5. $4 \div \dfrac{1}{3} \div \dfrac{4}{5}$

(풀이)

준 식 =

정답 : _____

07-6. $(-6) \times \dfrac{7}{5} \div \dfrac{3}{4} \times \dfrac{1}{7}$

(풀이)

준 식 =

정답 : _____

세 수 a, b, c에 대하여

분배법칙 : $a \times (b+c) = a \times b + a \times c$

대표 문제 8 $6 \times \left(\dfrac{1}{2} - \dfrac{1}{3} \right)$ 분배법칙을 이용하여 계산하세요.

$$6 \times \left(\dfrac{1}{2} - \dfrac{1}{3} \right)$$

$$= 6 \times \dfrac{1}{2} - 6 \times \dfrac{1}{3} \quad \mapsto \text{분배법칙을 이용하여 전개하기}$$

$$= 3 - 2 = 1$$

분배법칙을 이용하여 계산해 봅시다.

08-1. $20 \times \left(\dfrac{2}{5} + \dfrac{1}{4} \right)$

(풀이)

준 식 = 분배법칙 이용하여 전개하기

= 계산 및 정리하기

정답 : _____

08-2. $7 \times \dfrac{1}{3} + 7 \times \dfrac{2}{3}$

(풀이)

준 식 =

정답 : _____

08-3. $21 \times \left(\dfrac{4}{7} - \dfrac{1}{3} \right)$

(풀이)

준 식 =

정답 : _____

08-4. $\left(-\dfrac{1}{4}\right)\times5+\left(-\dfrac{3}{4}\right)\times5$

(풀이)

준 식 =

정답 : _____

08-5. $\left(\dfrac{1}{7}-\dfrac{2}{5}\right)\times(-35)$

(풀이)

준 식 =

정답 : _____

08-6. $\left(-\dfrac{11}{4}\right)\times5+\dfrac{3}{4}\times5$

(풀이)

준 식 =

정답 : _____

개념해설

네 수 a, b, c, d에 대하여

번분수 : $\dfrac{\dfrac{d}{c}}{\dfrac{b}{a}} = \dfrac{a\times d}{b\times c}$

대표 문제 9 다음 $\dfrac{\dfrac{1}{4}}{\dfrac{2}{3}}$ 을 간단히 하세요.

$$\dfrac{\dfrac{1}{4}}{\dfrac{2}{3}} = \dfrac{3\times1}{2\times4} = \dfrac{3}{8}$$

번분수를 간단히 표현해 봅시다.

09-1. $\dfrac{\dfrac{1}{6}}{\dfrac{3}{5}}$

(풀이)

준 식 = $\dfrac{\text{분모의 분모} \times \text{분자의 분자}}{\text{분모의 분자} \times \text{분자의 분모}}$

정답 : _____

09-2. $\dfrac{\dfrac{3}{4}}{\dfrac{1}{2}}$

(풀이)

준 식 =

정답 : _____

QUIZ 01   **특별한 연산법을 찾아라!(1)**

물음표에 들어갈 숫자는?

$1, \dfrac{1}{2}, 1 = \dfrac{3}{2}$

$2, \dfrac{1}{3}, 2 = \dfrac{8}{3}$

$3, \dfrac{1}{4}, 3 = \dfrac{15}{4}$

$\Rightarrow 4, \dfrac{1}{5}, 4 = ?$

09-3. $\dfrac{\dfrac{5}{3}}{\dfrac{1}{2}}$

(풀이)

준 식 =

정답 : _____

O9-4. $\dfrac{\dfrac{3}{4}}{\dfrac{7}{8}}$

(풀이)

준 식 =

정답 : _____

O9-5. $\dfrac{\dfrac{14}{15}}{\dfrac{7}{12}}$

(풀이)

준 식 =

정답 : _____

O9-6. $\dfrac{1}{\dfrac{3}{4}}$

(풀이)

준 식 =

정답 : _____

연분수 : $1 + \dfrac{1}{1 + \dfrac{1}{a}} \quad \ddots$

대표 문제 1O 다음 식 $1 + \dfrac{1}{1 + \dfrac{1}{2}}$ 을 간단히 하세요.

$1 + \dfrac{1}{1 + \dfrac{1}{2}}$

$= 1 + \dfrac{1}{\dfrac{3}{2}} \qquad \mapsto 1 + \dfrac{1}{2}$ 을 먼저 계산하기

$= 1 + \dfrac{2}{3} \qquad \mapsto$ 번분수 $\dfrac{1}{\dfrac{3}{2}}$ 을 계산하기

$= \dfrac{5}{3}$

다음 연분수를 계산해 봅시다.

1O-1. $1 - \dfrac{1}{1 - \dfrac{1}{2}}$

(풀이)

준 식 = $1 - \dfrac{1}{2}$ 을 먼저 계산하기

= 번분수 계산하기

= 정리 및 간단히 나타내기

정답 : _____

1O-2. $1 - \dfrac{1}{1 - \dfrac{1}{3}}$

(풀이)

준 식 =

정답 : _____

10-3. $1+\dfrac{1}{1+\dfrac{1}{3}}$

(풀이)

준 식 =

정답 : _____

10-4. $1+\dfrac{1}{1+\dfrac{1}{1+\dfrac{1}{2}}}$

(풀이)

준 식 =

정답 : _____

10-5. $1-\dfrac{1}{1-\dfrac{1}{1-\dfrac{1}{2}}}$

(풀이)

준 식 =

정답 : _____

쉬어가는 이야기
유리수? 유비수?

유리수는 누구나 알고 있듯이 정수의 비로 표현할 수 있는 수를 말합니다. 다시 말하면 비가 있는 수이죠. 그런데 왜 유비수라고 하지 않고 유리수라 했을까요?

지금 우리가 배우고 있는 수학(서양 수학)은 일제 강점기에 일본 수학자들에 의해 들어왔습니다. 당시 일본 수학자들은 'rational number'에서 'rational'의 뜻을 '합리적'이라는 뜻으로 받아들였다는 우스갯소리가 있습니다. 그래서 그때부터 유리수라는 용어를 사용하게 되었습니다. 정확한 의미는 유비수가 될 텐데 말이죠.

rational number보다 ratio number가 더 어울릴 용어가 아닐까요?

거듭제곱 표현과 지수법칙

개념해설

$a \times 2 \times b \times c$에 대하여
표시 순서는 숫자 문자 순입니다.
$2 \times a \times b \times c$ 또는 $2abc$

대표 문제 11 다음 $a \times a \times 2 \times a \times b \times b$를 거듭제곱으로 표현하세요.

$a \times a \times 2 \times a \times b \times b$ 는
숫자2가 1개, a가 3개, b가 2개 있으므로
∴ $2 \times a^3 \times b^2$ 또는 $2a^3b^2$

다음 주어진 식을 거듭제곱으로 표현해 봅시다.

11-1. $a \times a \times a$
(풀이)
준 식 = a가 3개가 있으므로 간단히 표현하기

정답 : _____

11-2. $a \times a \times b \times b \times b$
(풀이)
준 식 =

정답 : _____

11-3. $a \times a \times b \times a \times b \times b$
(풀이)
준 식 =

정답 : _____

11-4. $a \times c \times b \times a \times a \times b$
(풀이)
준 식 =

정답 : _____

11-5. $c \times 4 \times a \times a \times 2 \times b \times c$
(풀이)
준 식 =

정답 : _____

대표 문제 12 다음 $\dfrac{1}{2 \times a \times a \times b \times b}$을 거듭제곱으로 표현하세요.

분모 $2 \times a \times a \times b \times b$ 는
숫자2가 1개, a가 2개, b가 2개 있으므로
∴ $\dfrac{1}{2 \times a^2 \times b^2}$ 또는 $\dfrac{1}{2a^2b^2}$

다음 주어진 식을 거듭제곱으로 표현해 봅시다.

12-1. $\dfrac{1}{a \times a \times a}$
(풀이)
준 식 = 분모에서 a가 3개가 있으므로 간단히 표현하기

정답 : _____

12-2. $\dfrac{1}{a \times b \times a \times b}$
(풀이)
준 식 =

정답 : _____

12-3. $\dfrac{a}{a \times b \times b \times b \times a}$
(풀이)
준 식 =

정답 : _____

12-4. $\dfrac{a \times a \times b}{a \times b \times a \times b \times a \times a}$
(풀이)
준 식 =

정답 : _____

12-5. $\dfrac{a \times b \times b}{a \times b \times a \times c \times a \times a}$
(풀이)
준 식 =

정답 : _____

대표 문제 13 **다음 $\frac{1}{2}\times\frac{1}{a}\times\frac{1}{a}\times\frac{1}{b}$을 거듭제곱으로 표현하세요.**

$\frac{1}{2}\times\frac{1}{a}\times\frac{1}{a}\times\frac{1}{b}$ 에서

숫자 $\frac{1}{2}$이 1개, $\frac{1}{a}$이 2개, $\frac{1}{b}$이 1개 있으므로

$\therefore\ \frac{1}{2}\times\left(\frac{1}{a}\right)^3\times\left(\frac{1}{b}\right)^2$ 또는 $\frac{1}{2}\left(\frac{1}{a}\right)^3\left(\frac{1}{b}\right)^2\left(=\frac{1}{2a^3b^2}\right)$

다음 주어진 식을 거듭제곱으로 표현해 봅시다.

13-1. $\frac{1}{a}\times\frac{1}{a}\times\frac{1}{a}$

(풀이)

준 식 = $\frac{1}{a}$가 3개가 있으므로 간단히 표현하기

정답 :

13-2. $\frac{1}{a}\times\frac{1}{b}\times\frac{1}{a}\times\frac{1}{b}\times\frac{1}{a}$

(풀이)

준 식 =

정답 :

13-3. $\frac{1}{b}\times\frac{1}{b}\times\frac{1}{a}\times\frac{1}{b}\times\frac{1}{a}$

(풀이)

준 식 =

정답 :

13-4. $\frac{b}{a}\times\frac{b}{a}\times\frac{1}{c}\times\frac{1}{c}\times\frac{1}{c}$

(풀이)

준 식 =

정답 :

13-5. $\frac{1}{2}\times\frac{1}{2}\times\frac{1}{a}\times\frac{1}{b}\times\frac{2}{a}$

(풀이)

준 식 =

정답 :

대표 문제 14 **다음 $2^{\square}=8$을 만족하는 □의 값을 구하세요.**

$8=2^3=2^{\square}$ 이므로

∴ □의 값은 3입니다.

다음 주어진 식을 만족하는 □의 값을 구해 봅시다.

14-1. $3^{\square}=9$

(풀이)

9를 3의 거듭제곱으로 표현하기

정답 :

14-2. $2^{\square}=1$

(풀이)

정답 :

14-3. $3^{\square+1}=243$

(풀이)

정답 :

14-4. $5^{2\times\square}=625$

(풀이)

정답 :

14-5. $4\times2^{\square}=64$

(풀이)

정답 :

지수법칙 첫 번째
$$a^m \times a^n = a^{m+n}, \quad a \neq 0 \, (m, n \ \text{자연수})$$

지수법칙 두 번째
$$a^m \div a^n = a^{m-n}, \quad a \neq 0 \, (m, n \ \text{자연수})$$

대표 문제 15 다음 $a^3 \times a^4$을 간단히 표현하세요.

$a^3 \times a^4$
$= a^{3+4}$ ↦ 지수법칙 첫 번째 적용
$= a^7$

대표 문제 16 다음 $a^5 \div a^3$을 간단히 표현하세요.

$a^5 \div a^3$
$= a^{5-3}$ ↦ 지수법칙 두 번째 적용
$= a^2$

지수법칙을 이용하여 간단히 표현해 봅시다.

15-1. $a \times a^2$
(풀이)
준 식 = 밑수가 같으므로 곱은 지수끼리 합하기

정답 : _____

지수법칙을 이용하여 간단히 표현해 봅시다.

16-1. $a^4 \div a$
(풀이)
준 식 = 밑수가 같으므로 나누기는 지수끼리 빼기

정답 : _____

15-2. $a^2 \times a^5$
(풀이)
준 식 =

정답 : _____

16-2. $a^3 \div a^2$
(풀이)
준 식 =

정답 : _____

15-3. $a^4 \times a^7$
(풀이)
준 식 =

정답 : _____

16-3. $a^2 \div a^2$
(풀이)
준 식 =

정답 : _____

15-4. $a \times a^2 \times a^3$
(풀이)
준 식 =

정답 : _____

16-4. $a^5 \div a^3 \div a$
(풀이)
준 식 =

정답 : _____

15-5. $a^2 \times a^5 \times a$
(풀이)
준 식 =

정답 : _____

16-5. $a^9 \div a^4 \div a^2$
(풀이)
준 식 =

정답 : _____

지수법칙 세 번째

$$(a^m)^n = a^{m \times n}, \quad a \neq 0 (m, n \text{ 자연수})$$

대표 문제 17 다음 $(a^3)^4$을 간단히 표현하세요.

$(a^3)^4$
$= a^{3 \times 4}$ ↦ 지수법칙 세 번째 적용
$= a^{12}$

지수법칙을 이용하여 간단히 표현해 봅시다.

17-1. $(a^2)^3$
(풀이)
준 식 = 거듭제곱의 거듭제곱은 지수끼리 곱하기

정답 : _____

17-2. $(a^4)^2$
(풀이)
준 식 =

정답 : _____

17-3. $(a^2)^7$
(풀이)
준 식 =

정답 : _____

17-4. $((a^3)^9)^2$
(풀이)
준 식 =

정답 : _____

17-5. $((a^7)^3)^2$
(풀이)
준 식 =

정답 : _____

대표 문제 18 다음 $(a^3)^3 \times (a^2)^2$을 간단히 표현하세요.

$(a^3)^3 \times (a^2)^2$
$= a^{3 \times 3} \times a^{2 \times 2}$ ↦ 지수법칙 세 번째 적용
$= a^9 \times a^4$
$= a^{9+4}$ ↦ 지수법칙 첫 번째 적용
$= a^{13}$

지수법칙을 이용하여 간단히 표현해 봅시다.

18-1. $(a^3)^2 \times a^2$
(풀이)
준 식 = 거듭제곱의 거듭제곱은 지수끼리 곱하기
밑수가 같으면 곱은 지수끼리 합하기

정답 : _____

18-2. $(a^3)^2 \div a^3$
(풀이)
준 식 =

정답 : _____

18-3. $(a^2)^2 \times (a^3)^2$
(풀이)
준 식 =

정답 : _____

18-4. $(a^5)^3 \div (a^2)^4$
(풀이)
준 식 =

정답 : _____

18-5. $(a^4)^3 \div (a^3)^2 \times a$
(풀이)
준 식 =

정답 : _____

약 수 와 배 수

$p = a^m b^n$, (a, b는 소수, m, n은 자연수)일 경우
약수의 개수 : $(m+1)(n+1)$개
약수들의 합 : $(1 + a + a^2 + \cdots + a^m)(1 + b + b^2 + \cdots + b^n)$

대표 문제 19 다음 물음에 답하세요.

(1) 12의 약수
(2) 12의 약수 개수
(3) 12의 약수들의 합

12의 약수 : $12 = 2^2 \times 3$
(1) 12의 약수 : 1, 2, 3, 4, 6, 12
* 1, 2, 3, 2^2, 2×3, $2^2 \times 3$ → 1, 2, 3, 4, 6, 12
(2) 12의 약수 개수 : 6개
* $(2+1)(1+1) = 3 \times 2 = 6$
(3) 12의 약수들의 합 : 28개
* $(1 + 2 + 2^2)(1+3) = 7 \times 4 = 28$

다음 물음에 답해 봅시다.

19-1. 6의 약수와 약수의 개수, 약수들의 합

6을 소인수분해 하기
(1) 6의 약수 : 6의 약수 나열하기

(2) 6의 약수 개수 : 식을 이용하여 구하기

(3) 6의 약수들의 합 : 식을 이용하여 구하기

19-2. 8의 약수와 약수의 개수, 약수들의 합

(1) 8의 약수 :

(2) 8의 약수 개수 :

(3) 8의 약수들의 합 :

---

a의 배수 : a, $2a$, $3a$, $\cdots$
예) 2의 배수 : 2, 4, 6, $\cdots$

대표 문제 20 1부터 30까지 자연수에 대하여 다음 물음에 답하세요.

(1) 2의 배수와 개수
(2) 3의 배수와 개수
(3) 2 또는 3의 배수의 개수

(1) 2의 배수 : 2, 4, 6, $\cdots$, 30
* 2의 배수의 개수 : 15개(30을 2로 나눈 몫이 15이므로)
(2) 3의 배수 : 3, 6, 9, $\cdots$, 30
* 3의 배수의 개수 : 10개(30을 3으로 나눈 몫이 10이므로)
(3) 2 또는 3의 배수의 개수 : 20개
2의 배수 개수+3의 배수 개수-6의 배수 개수 : $15 + 10 - 5 = 20$
* 2와 3의 공통인 배수 : 6의 배수(6, 12, $\cdots$, 30)
  6의 배수의 개수 : 5개

다음 물음에 답해 봅시다.

20-1. 1부터 50까지 자연수 중에서

(1) 4의 배수와 개수 : 4의 배수 나열하고
    4의 배수 개수 구하기

(2) 6의 배수와 개수 : 6의 배수 나열하고
    6의 배수 개수 구하기

(3) 4 또는 6의 배수의 개수 :
2의 배수 개수 + 3의 배수 개수 - 6의 배수 개수

20-2. 1부터 100까지 자연수 중에서

(1) 3의 배수와 개수 :

(2) 5의 배수와 개수 :

(3) 3 또는 5의 배수의 개수 :

공약수 : 두 수의 약수 중 공통으로 있는 수
최대공약수 : 공약수 중 가장 큰 수
공배수 : 두 수의 배수 중 공통으로 있는 수
최소공배수 : 공배수 중 가장 작은 수

대표 문제 21 다음 물음에 답하세요.
(1) 6, 8, 12의 최대공약수와 최소공배수
(2) (1)번을 이용하여 공약수와 공배수

(1)　　　　방법 1　　　　　　　방법 2

$$
\begin{array}{r|ccc}
2) & 6 & 8 & 12 \\
\hline
2) & 3 & 4 & 6 \\
\hline
3) & 3 & 2 & 3 \\
\hline
 & 1 & 2 & 1
\end{array}
\qquad
\begin{array}{r|ccc}
2) & 2\times3 & 2^3 & 2^2\times3 \\
\hline
2) & 3 & 2^2 & 2\times3 \\
\hline
3) & 3 & 2 & 3 \\
\hline
 & 1 & 2 & 1
\end{array}
$$

최대공약수 : 2
최소공배수 : $2\times2\times3\times1\times2\times1 = 24$
(2) 최대공약수가 2이므로 공약수는 2의 약수인 1, 2입니다.
최소공배수가 24이므로 공배수는 24의 배수인 24, 48,… 입니다.

다음 물음에 답해 봅시다.

21-1. 4, 6, 9

(1) 최대공약수와 최소공배수
(풀이)
두 가지 방법으로 최대공약수와 최소공배수 구하기

최대공약수 : _____　　　최소공배수 : _____

(2) (1)을 이용한 공약수와 공배수
(풀이)
공약수 : 최대공약수의 약수

공배수 : 최소공배수의 배수

21-2. 12, 15, 18

(1) 최대공약수와 최소공배수
(풀이)

최대공약수 : _____　　　최소공배수 : _____

(2) (1)을 이용한 공약수와 공배수
(풀이)
공약수 :

공배수 :

21-3. 12, 30, 60

(1) 최대공약수와 최소공배수
(풀이)

최대공약수 : _____　　　최소공배수 : _____

(2) (1)을 이용한 공약수와 공배수
(풀이)
공약수 :

공배수 :

무 리 수

개념해설

a의 제곱근 : $x^2 = a \rightarrow x = \pm \sqrt{a}$, $a \geq 0$

대표 문제 22 2의 제곱근을 표현하세요.

$x^2 = 2 \rightarrow x = \pm \sqrt{2}$

∴ 2의 제곱근 : $\pm \sqrt{2}$

개념해설

제곱근 a : $\sqrt{a}$, $a \geq 0$

대표 문제 23 제곱근 2를 표현하세요.

∴ 제곱근 2 : $\sqrt{2}$

다음을 표현해 봅시다.

22-1. 3의 제곱근
(표현)

3의 제곱근 : _____

22-2. 5의 제곱근
(표현)

5의 제곱근 : _____

22-3. 4의 제곱근
(표현)

4의 제곱근 : _____

22-4. 0의 제곱근
(표현)

0의 제곱근 : _____

22-5. 6의 제곱근
(표현)

6의 제곱근 : _____

22-6. 8의 제곱근
(표현)

8의 제곱근 : _____

다음을 표현해 봅시다.

23-1. 제곱근 1
(표현)

제곱근 1 : _____

23-2. 제곱근 0
(표현)

제곱근 0 : _____

23-3. 제곱근 3
(표현)

제곱근 3 : _____

23-4. 제곱근 4
(표현)

제곱근 4 : _____

23-5. 제곱근 7
(표현)

제곱근 7 : _____

23-6. 제곱근 12
(표현)

제곱근 12 : _____

어림하기

$$\sqrt{1} \quad \sqrt{2} \quad \sqrt{3} \quad \sqrt{4} \quad \sqrt{5} \quad \sqrt{6} \quad \sqrt{7} \quad \sqrt{8} \quad \cdots$$
$$\Downarrow \qquad\qquad\qquad \Downarrow$$
$$1 \qquad\qquad\qquad\quad 2$$

대표 문제 24 제곱근 2의 정수부분과 소수부분을 써 보세요.

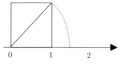

제곱근 2 → $\sqrt{2}$

$\sqrt{2}$ 를 어림하면

$1 < \sqrt{2} < 2$입니다.

∴ 정수부분 : 1, 소수부분 : $\sqrt{2} - 1$

주의) 소수부분을 $0.4142\cdots$로 쓰지 않도록 합니다.

∵ 무리수는 순환하지 않은 무한소수이므로 소숫점 아래 수를 모두 표현할 수 없기 때문입니다.

다음 수의 정수부분과 소수부분을 써 봅시다.

24-1. $\sqrt{3}$
(풀이)
$\sqrt{3}$ 을 어림한 후
정수부분과 소수부분을 써 보기

정수부분 : _____   소수부분 : _____

24-2. $1 + \sqrt{2}$
(풀이)

정수부분 : _____   소수부분 : _____

24-3. $1 + 2\sqrt{3}$
(풀이)

정수부분 : _____   소수부분 : _____

24-4. $3\sqrt{2} - 1$
(풀이)

정수부분 : _____   소수부분 : _____

24-5. $2 - \sqrt{11}$
(풀이)

정수부분 : _____   소수부분 : _____

24-6. $4 - 2\sqrt{2}$
(풀이)

정수부분 : _____   소수부분 : _____

QUIZ 03 어떤 규칙이 숨어 있을까?

$$9 = 27$$
$$8 = 16\sqrt{2}$$
$$7 = 7\sqrt{7}$$

$$\Rightarrow 4 = ?$$

$\sqrt{a}$, $\sqrt{b}$의 크기를 비교하기
* $(\sqrt{a})^2 - (\sqrt{b})^2 > 0 \rightarrow \sqrt{a} > \sqrt{b}$
* $(\sqrt{a})^2 - (\sqrt{b})^2 < 0 \rightarrow \sqrt{a} < \sqrt{b}$

대표 문제 25 다음 두 수 $\sqrt{2}$와 $\sqrt{3}$의 크기를 비교하세요.

$(\sqrt{2})^2 - (\sqrt{3})^2 = 2 - 3 < 0$
$\therefore \sqrt{2} < \sqrt{3}$
참고) 또 다른 방법
$\sqrt{2}$ 를 제곱하면 2이고 $\sqrt{3}$ 을 제곱하면 3이므로
$\rightarrow 2 < 3$
$\therefore \sqrt{2} < \sqrt{3}$
* $\sqrt{2}$와 $\sqrt{3}$ 과 같이 크기를 쉽게 판단할 수 있을 경우
풀이과정 없이 바로 크기를 비교해도 됩니다.

다음 수의 크기를 비교해 봅시다.

25-1. $\sqrt{3}$, 2
(풀이)
$(\sqrt{3})^2 - 2^2$의 값이
양수인지 음수인지 판단 후 크기 비교하기
정답 : _____

25-2. $2\sqrt{2}$, $\sqrt{5}$
(풀이)

정답 : _____

25-3. $3\sqrt{2}$, $\sqrt{7}$
(풀이)

정답 : _____

25-4. $3\sqrt{2}$, $2\sqrt{3}$
(풀이)

정답 : _____

25-5. $2\sqrt{2}$, 3
(풀이)

정답 : _____

대표 문제 26 다음 두 수 $2 - \sqrt{5}$와 $2 - \sqrt{7}$의 크기를 비교하세요.

$2 - \sqrt{5} - (2 - \sqrt{7}) = 2 - \sqrt{5} - 2 + \sqrt{7} = -\sqrt{5} + \sqrt{7} > 0$
$\therefore 2 - \sqrt{5} > 2 - \sqrt{7}$
<또 다른 방법>
$2 - \sqrt{5} \square 2 - \sqrt{7}$
$\rightarrow -\sqrt{5} \square 2 - \sqrt{7} - 2$
$\rightarrow -\sqrt{5} \square -\sqrt{7}$
$\therefore 2 - \sqrt{5} > 2 - \sqrt{7}$ $(\because -\sqrt{5} > -\sqrt{7})$

다음 수의 크기를 비교해 봅시다.

26-1. $2 + \sqrt{3}$, $2 + \sqrt{5}$
(풀이)
$2 + \sqrt{3} - (2 + \sqrt{5})$의 값이
양수인지 음수인지 판단 후 크기 비교하기

정답 : _____

26-2. $\sqrt{2} - 1$, $\sqrt{3} - 1$
(풀이)

정답 : _____

위 방법과 다른 방법으로 크기를 비교해 봅시다.

26-3. $\sqrt{3} + 2$, 4
(풀이)
$\sqrt{3} + 2 \square 4$를 이항을 통해 크기 비교하기

정답 : _____

26-4. $3\sqrt{3} - 3$, $\sqrt{3} - 1$
(풀이)

정답 : _____

분모 유리화 첫 번째 방법!

$$\frac{b}{\sqrt{a}} = \frac{b \times \sqrt{a}}{\sqrt{a} \times \sqrt{a}} \ , \ a \neq 0$$

대표 문제 27 $\dfrac{1}{\sqrt{2}}$ 을 분모 유리화하여 나타내세요.

분모 $\sqrt{2}$ 에 같은 수 $\sqrt{2}$ 를 곱하면 분모가 유리수가 됩니다.

분모 분자에 $\sqrt{2}$ 를 곱하기 : $\dfrac{1 \times \sqrt{2}}{\sqrt{2} \times \sqrt{2}} = \dfrac{\sqrt{2}}{2}$

$\therefore \dfrac{1}{\sqrt{2}}$ 분모 유리화 $\rightarrow \dfrac{\sqrt{2}}{2}$

다음 수를 분모 유리화하여 나타내어 봅시다.

27-1. $\dfrac{1}{\sqrt{3}}$

(풀이)

분모와 분자에 $\times \sqrt{3}$ 을 하여 분모유리화하기

정답 : _____

27-2. $\dfrac{2}{\sqrt{3}}$

(풀이)

정답 : _____

27-3. $-\dfrac{1}{\sqrt{5}}$

(풀이)

정답 : _____

27-4. $\dfrac{\sqrt{3}}{\sqrt{2}}$

(풀이)

정답 : _____

27-5. $-\dfrac{2\sqrt{5}}{\sqrt{6}}$

(풀이)

정답 : _____

분모 유리화 두 번째!

$$\frac{c}{\sqrt{a}+\sqrt{b}} = \frac{c \times (\sqrt{a}-\sqrt{b})}{(\sqrt{a}+\sqrt{b}) \times (\sqrt{a}-\sqrt{b})} \ , \ a \neq b$$

대표 문제 28 $\dfrac{1}{\sqrt{2}+1}$ 을 분모 유리화하여 나타내세요.

분모 $\sqrt{2}-1$ 을 곱하면 분모가 유리수가 됩니다.(합차공식 이용)

분모 분자에 $\sqrt{2}-1$ 을 곱하기 : $\dfrac{1 \times (\sqrt{2}-1)}{(\sqrt{2}+1) \times (\sqrt{2}-1)} = \dfrac{\sqrt{2}-1}{2-1}$

$\therefore \dfrac{1}{\sqrt{2}+1}$ 분모 유리화 $\rightarrow \sqrt{2}-1$

다음 수를 분모 유리화하여 나타내어 봅시다.

28-1. $\dfrac{1}{\sqrt{3}-1}$

(풀이)

분모와 분자에 $\times (\sqrt{3}+1)$ 을 하여 분모유리화하기

정답 : _____

28-2. $\dfrac{1}{\sqrt{3}+\sqrt{2}}$

(풀이)

정답 : _____

28-3. $\dfrac{1}{2-\sqrt{3}}$

(풀이)

정답 : _____

28-4. $\dfrac{2}{\sqrt{5}+\sqrt{3}}$

(풀이)

정답 : _____

28-5. $\dfrac{3}{3-2\sqrt{2}}$

(풀이)

정답 : _____

$a \neq b$에 대하여

$\sqrt{a}$와 $\sqrt{b}$는 서로 더하거나 뺄 수 없습니다.

$\therefore$ $\sqrt{a}$와 $\sqrt{b}$는 서로 동류항이 아니기 때문입니다.

대표 문제 29 다음 $2\sqrt{3}+\sqrt{2}-\sqrt{3}+2\sqrt{2}$을 간단히 나타내세요.

$$2\sqrt{3}+\sqrt{2}-\sqrt{3}+2\sqrt{2}$$
$$= 2\sqrt{3}-\sqrt{3}+\sqrt{2}+2\sqrt{2} \qquad \mapsto 덧셈의 교환법칙$$
$$= (2\sqrt{3}-\sqrt{3})+(\sqrt{2}+2\sqrt{2}) \qquad \mapsto 덧셈의 결합법칙$$
$$= \sqrt{3}+3\sqrt{2} \quad (=3\sqrt{2}+\sqrt{3})$$

다음 식을 간단히 나타내어 봅시다.

29-1. $5\sqrt{2}+3\sqrt{2}$

(풀이)

준 식 = 동류항임을 확인하고 계산하기

정답 : _____

29-2. $2\sqrt{5}-3\sqrt{5}$

(풀이)

준 식 =

정답 : _____

29-3. $\sqrt{3}+3\sqrt{3}+\sqrt{3}-2\sqrt{3}$

(풀이)

준 식 =

정답 : _____

29-4. $2\sqrt{2}+3\sqrt{5}+\sqrt{2}-\sqrt{5}$

(풀이)

준 식 =

정답 : _____

29-5. $\sqrt{2}+\sqrt{3}+2(\sqrt{2}+2\sqrt{3})$

(풀이)

준 식 =

정답 : _____

$a > 0, b > 0$에 대하여
$$\sqrt{a \times b} = \sqrt{a} \times \sqrt{b}$$

대표 문제 30 다음 $\sqrt{6} \times \sqrt{40} \div \sqrt{15}$을 간단히 나타내세요.

$$\sqrt{6} \times \sqrt{40} \div \sqrt{15}$$
$$= \sqrt{6} \times \sqrt{40} \times \frac{1}{\sqrt{15}} \qquad \mapsto \div을 \times으로 바꾸기(역수)$$
$$= \sqrt{2 \times 3} \times \sqrt{2^3 \times 5} \times \frac{1}{\sqrt{3 \times 5}} \qquad \mapsto 소인수 분해하기$$
$$= (\sqrt{2} \times \sqrt{3}) \times (2 \times \sqrt{2} \times \sqrt{5}) \times \frac{1}{\sqrt{3} \times \sqrt{5}}$$
$$= \sqrt{2} \times 2 \times \sqrt{2} \qquad \mapsto 약분하기$$
$$= 2 \times \sqrt{2} \times \sqrt{2} \qquad \mapsto 곱셈의 교환법칙$$
$$= 2 \times (\sqrt{2} \times \sqrt{2}) \qquad \mapsto 곱셈의 결합법칙$$
$$= 2 \times 2 = 4$$

다음 식을 간단히 나타내어 봅시다.

30-1. $\sqrt{8} \times \sqrt{12}$

(풀이)

준 식 = 8, 12을 소인수분해하기

= $\sqrt{a \times b} = \sqrt{a} \times \sqrt{b}$ 형식으로 정리하기

= 곱셈의 교환법칙을 이용하여 재정리하기

= 곱셈의 결합법칙을 이용하여 계산하기

= 정리하기

정답 : _____

30-2. $\sqrt{15} \div \sqrt{12}$

(풀이)

준 식 =

정답 : _____

30-3. $\sqrt{14} \times \sqrt{28} \times \sqrt{2}$

(풀이)

준 식 =

정답 : _____

30-4. $\sqrt{10} \div \sqrt{15} \times \sqrt{12}$

(풀이)

준 식 =

정답 : _____

30-5. $\sqrt{20} \div \sqrt{15} \div \sqrt{\dfrac{1}{27}}$

(풀이)

준 식 =

정답 : _____

$10 - \dfrac{3}{2} \times \left\{ \left(\sqrt{\dfrac{2}{3}} \right)^2 \div \left(-\dfrac{1}{2} + \dfrac{2}{3} \right) \right\} + 5$ **을 간단히 나타**

내세요.

$$10 - \frac{3}{2} \times \left\{ \left(\sqrt{\frac{2}{3}} \right)^2 \div \left(-\frac{1}{2} + \frac{2}{3} \right) \right\} + 5$$
$$= 10 - \frac{3}{2} \times \left\{ \frac{2}{3} \div \left(-\frac{3}{6} + \frac{4}{6} \right) \right\} + 5 \quad \mapsto \text{거듭제곱 계산하기}$$
$$= 10 - \frac{3}{2} \times \left\{ \frac{2}{3} \div \frac{1}{6} \right\} + 5 \quad \mapsto \text{소괄호 계산하기}$$
$$= 10 - \frac{3}{2} \times \left\{ \frac{2}{3} \times 6 \right\} + 5 \quad \mapsto \div \text{을 } \times \text{으로 바꾸기(역수)}$$
$$= 10 - \frac{3}{2} \times 4 + 5 \quad \mapsto \text{중괄호 계산하기}$$
$$= 10 - 6 + 5 = 4 + 5 = 9$$

다음 식을 간단히 나타내어 봅시다.

31-1. $3 - \left[\left\{ (-\sqrt{2})^2 \times \dfrac{3}{2} \right\} \div \dfrac{3}{5} - 7 \right]$

(풀이)

준 식 = $(-\sqrt{2})^2$을 계산하기

= { } 중괄호 계산하기

= $\div \rightarrow \times$로 바꾸기(역수)

= [ ] 대괄호 계산하기

= 계산 및 정리하기

정답 : _____

31-2. $\dfrac{1}{3} - \left\{ 2 + \sqrt{5} \times \left(-\dfrac{2}{3} + \dfrac{7}{5} \right) \div \dfrac{11}{\sqrt{5}} \right\}$

(풀이)

준 식 =

정답 : _____

31-3. $\dfrac{3}{4}\times\left\{1-\left(\sqrt{\dfrac{5}{2}}\right)^3\div\dfrac{3\sqrt{5}}{\sqrt{2}}\right\}+\dfrac{7}{8}$

(풀이)

준 식 =

정답 : _____

31-4. $\sqrt{3}-\sqrt{\dfrac{3}{2}}\div\left\{\left(\dfrac{3}{5}+\dfrac{1}{2}\right)\times\dfrac{10}{11}\right\}\times\sqrt{2}$

(풀이)

준 식 =

정답 : _____

31-5. $\left(-\sqrt{3}\right)^3-\dfrac{28}{3}\div\left\{(-5)\times\dfrac{1}{3}-3\right\}\times\sqrt{3}$

(풀이)

준 식 =

정답 : _____

실수 체계

$$\text{실수}\begin{cases}\text{유리수}\begin{cases}\text{정수}\begin{cases}\text{양의 정수(자연수)}\\0\\\text{음의 정수}\end{cases}\\\text{정수가 아닌 유리수}\end{cases}\\\text{무리수}\end{cases}$$

대표 문제 31 **다음 물음에 답하세요.**

2	π	$\dfrac{1}{2}$	-1
$\dfrac{4}{2}$	3.14	$1.\dot{3}$	$\sqrt{2}$

(1) 정수인 것은?

(2) 유리수인 것은?

(3) 무리수인 것은?

(1) 정수 : 2, -1, $\dfrac{4}{2}$

　　* $\dfrac{4}{2}=2$

(2) 유리수 : 2, $\dfrac{1}{2}$, -1, $\dfrac{4}{2}$, 3.14, $1.\dot{3}$

　　* 3.14 $\neq\pi$ 따라서 3.14는 유한소수입니다.

(3) 무리수 : π, $\sqrt{2}$

다음 물음에 답해 봅시다.

32-1.

$-\sqrt{9}$	$0.\dot{3}$	0
$\sqrt{0.\dot{9}}$	$\sqrt{11}$	$\sqrt{99}$

(1) 정수인 것은?

(2) 유리수인 것은?

(3) 무리수인 것은?

32-2.

$$\sqrt{\frac{1}{9}} \qquad \sqrt{2} \times \sqrt{3} \qquad 3.1415$$

$$\sqrt{32} \qquad 0.\dot{4} \qquad -1$$

(1) 정수인 것은?

(2) 유리수인 것은?

(3) 무리수인 것은?

32-3.

$$\frac{\sqrt{3}}{4} \qquad \sqrt{0.\dot{1}} \qquad \sqrt{0.1} \times \sqrt{0.01}$$

$$\sqrt{36} \qquad 0.\dot{9} \qquad (\sqrt{3})^3$$

(1) 정수인 것은?

(2) 유리수인 것은?

(3) 무리수인 것은?

원주율(π)의 값에 관심 갖는 이유?

고대부터 지금까지 많은 수학자들은 원주율의 정확한 값을 구하기 위해 노력하였고 현재도 노력하고 있습니다.

도대체 원주율이 뭐라고 수학자들은 원주율에 대해 관심을 가질까요?

옛 수학자들은 삼각형, 사각형과 같은 도형의 넓이를 쉽게 구하지만 원의 넓이를 정확히 구하지 못했습니다. 단지 정확한 원의 넓이에 조금 더 근사한 값을 구했습니다. 누가 더 근사한 값을 나타내는지에 관심을 갖게 된 것이죠.

현재는 원주율을 π라는 무리수의 기호로 사용하여 원의 넓이를 표현합니다. π가 무리수임을 귀류법을 통해 증명하였죠. 그런데 수학자들은 π가 무리수임을 증명했음에도 불구하고 π의 값을 구하고자 관심을 갖습니다. 컴퓨터는 지금도 π의 값을 구하기 위해 무단히 노력하고 있죠.

π가 무리수임을 증명했음에도 불구하고 왜 π의 값에 대해 관심을 가질까요? 필자는 아마도 '혹시나 유한소수가 되지는 않을까?' '원주율의 더 정확한 값을 알 수 있지는 않을까?' 하는 수학자들의 궁금증 때문일 거라고 추측해 봅니다.

다 항 식 의 연 산

개념해설

동류항 : 문자와 차수가 같은 것을 말함.
다항식의 덧셈과 뺄셈은 동류항끼리 덧셈과 뺄셈하는
것을 말함.

대표 문제 1 $(x+2)+(2x+1)$을 간단히 하세요.

$(x+2)+(2x+1)$
$= x+2+2x+1$ ↦ 괄호 풀기
$= x+2x+2+1$ ↦ 덧셈의 교환법칙
$= (x+2x)+(2+1)$ ↦ 동류항끼리 묶기
$= 3x+3$

다음 주어진 식을 간단히 해 봅시다.

01-1. $(4x+3)+(2x+5)$
(풀이)
준 식 = 괄호 풀기

     = 덧셈의 교환법칙

     = 동류항끼리 묶기

     = 계산 및 정리하기

            정답 : _____

01-2. $(5x+7)+(2x-1)$
(풀이)
준 식 =

            정답 : _____

01-3. $(6x-8)+(-8x+7)$
(풀이)
준 식 =

            정답 : _____

01-4. $(3x-10)+(x-3)$
(풀이)
준 식 =

            정답 : _____

01-5. $(5x-3)+(-4x+1)$
(풀이)
준 식 =

            정답 : _____

01-6. $(-3x+1)+(x+5)$
(풀이)
준 식 =

            정답 : _____

다항식 뺄셈에서 주의해야 할 점!

$a-(-ax+b)=a+ax-b$ (O)

$a-(-ax+b)=a+ax+b$ (X)

대표 문제 2 $(4x+5)-(-3x+8)$을 간단히 하세요.

$(4x+5)-(-3x+8)$

$= 4x+5+3x-8$ ↦ 괄호 풀기

$= 4x+3x+5-8$ ↦ 덧셈의 교환법칙

$= (4x+3x)+(5-8)$ ↦ 동류항끼리 묶기

$= 7x-3$

다음 주어진 식을 간단히 해 봅시다.

02-1. $(3x-1)-(7x-6)$

(풀이)

준 식 = 괄호 풀기

= 덧셈의 교환법칙

= 동류항끼리 묶기

= 계산 및 정리하기

정답 : _____

02-2. $(-x+2)-(-3x+5)$

(풀이)

준 식 =

정답 : _____

02-3. $(3x-2)-(-3x+5)$

(풀이)

준 식 =

정답 : _____

02-4. $(5x+11)-(-x+2)$

(풀이)

준 식 =

정답 : _____

02-5. $(3x+8)-(4x+2)$

(풀이)

준 식 =

정답 : _____

02-6. $(-7x+3)-(-2x+9)$

(풀이)

준 식 =

정답 : _____

전개하기!
곱셈공식 및 분배법칙 등을 이용하여 식을 펼쳐 놓은
것을 말함.

대표 문제 3 $x(y-2x)$**을 전개하세요.**

$x(y-2x)$
$= x \times y + x \times (-2x)$ ↦ 분배법칙을 이용하여 전개하기
$= xy - 2x^2$
$(-2x^2 + xy)$ ↦ x의 내림차순으로 나타낼 수 있음.

다음 주어진 식을 전개해 봅시다.

○3-**1.** $2x(x-3y)$
(풀이)
준 식 = 분배법칙을 이용하여 전개하기

= 계산 및 정리하기

정답 : _____

○3-**2.** $2y(x+5y)$
(풀이)
준 식 =

정답 : _____

○3-**3.** $3y(2y-x)$
(풀이)
준 식 =

정답 : _____

○3-**4.** $5x(4x+3y)$
(풀이)
준 식 =

정답 : _____

○3-**5.** $-x(3x+2y)$
(풀이)
준 식 =

정답 : _____

○3-**6.** $-2x(y-5x)$
(풀이)
준 식 =

정답 : _____

$(x+y)(y+z)$을 전개하세요.

$(x+y)(y+z)$
$= x \times y + x \times z + y \times y + y \times z$
$= xy + xz + y^2 + yz$
$(y^2 + xy + yz + xz)$ ↦ y의 내림차순으로 나타낼 수 있음.

다음 주어진 식을 전개해 봅시다.

04-1. $(2x+y)(y+3z)$
(풀이)
준 식 = 분배법칙을 이용하여 전개하기

= 계산 및 정리하기

정답 : _____

04-2. $(x-y)(x+3z)$
(풀이)
준 식 =

정답 : _____

04-3. $(3x-2y)(x+z)$
(풀이)
준 식 =

정답 : _____

04-4. $(x-3y)(2x-5z)$
(풀이)
준 식 =

정답 : _____

04-5. $(x-2y)(2y-z)$
(풀이)
준 식 =

정답 : _____

04-6. $(2x+z)(x-y)$
(풀이)
준 식 =

정답 : _____

QUIZ 04 숨겨진 기호를 찾아라!

사칙 연산 또는 수학 기호 등을 한 번씩 써서 다음 등식이 만족하도록 해 봅시다.

2   2   2   =   4

곱셈공식

곱셈공식 첫 번째 : 합차공식
$$(x+y)(x-y) = x^2 - y^2$$

대표 문제 5 $(x+2y)(x-2y)$을 전개하세요.

$(x+2y)(x-2y)$
$= (x)^2 - (2y)^2$ ↦ 합차공식을 이용하여 전개하기
$= x^2 - 4y^2$

다음 주어진 식을 전개해 봅시다.

05-1. $(2x+y)(2x-y)$
(풀이)
준 식 = 합차공식을 이용하여 전개하기

= 정리하기

정답 : _____

05-2. $(3x+y)(3x-y)$
(풀이)
준 식 =

정답 : _____

05-3. $(2x+3y)(2x-3y)$
(풀이)
준 식 =

정답 : _____

05-4. $(x+\sqrt{5}\,y)(x-\sqrt{5}\,y)$
(풀이)
준 식 =

정답 : _____

05-5. $(2x+\sqrt{7}\,y)(2x-\sqrt{7}\,y)$
(풀이)
준 식 =

정답 : _____

05-6. $(\sqrt{3}\,x+\sqrt{2}\,y)(\sqrt{3}\,x-\sqrt{2}\,y)$
(풀이)
준 식 =

정답 : _____

101×99을 계산하세요.

$$101 \times 99$$
$$= (100+1)(100-1) \qquad \mapsto \text{합차공식으로 나타내기}$$
$$= 100^2 - 1^2 \qquad \mapsto \text{합차공식을 이용하기}$$
$$= 10000 - 1 = 9999$$

다음을 계산해 봅시다.

06-1. 52×48

(풀이)

준 식 = 합차공식으로 나타내기

= 합차공식을 이용하여 전개하기

= 정리 및 계산하기

정답 : _____

06-2. 45×55

(풀이)

준 식 =

정답 : _____

06-3. 103×97

(풀이)

준 식 =

정답 : _____

06-4. 109×91

(풀이)

준 식 =

정답 : _____

06-5. 202×198

(풀이)

준 식 =

정답 : _____

06-6. 192×208

(풀이)

준 식 =

정답 : _____

곱셈공식 두 번째 : 완전제곱식
$$(x+y)^2 = x^2 + 2xy + y^2$$
참고) $(x-y)^2 = x^2 - 2xy + y^2$

대표 문제 7 $(x+2y)^2$**을 전개하세요.**

$(x+2y)^2$
$= (x)^2 + 2 \times x \times (2y) + (2y)^2$ ↦ 완전제곱식을 이용하기
$= x^2 + 4xy + 4y^2$

다음 주어진 식을 전개해 봅시다.

07-1. $(x+1)^2$
(풀이)
준 식 = 완전제곱식을 이용하여 전개하기

= 정리하기

정답 : _____

07-2. $(2x-1)^2$
(풀이)
준 식 =

정답 : _____

07-3. $(3x-4)^2$
(풀이)
준 식 =

정답 : _____

07-4. $(x-y)^2$
(풀이)
준 식 =

정답 : _____

07-5. $(x-3y)^2$
(풀이)
준 식 =

정답 : _____

07-6. $(4x+3y)^2$
(풀이)
준 식 =

정답 : _____

대표 문제 8 99^2을 계산하세요.

$$99^2$$
$$= (100-1)^2 \qquad \mapsto \text{완전제곱식으로 나타내기}$$
$$= 100^2 + 2 \times 100 \times (-1) + (-1)^2 \qquad \mapsto \text{완전제곱식을 이용하기}$$
$$= 10000 - 200 + 1 = 9801$$

다음을 계산해 봅시다.

08-1. 52^2
(풀이)
준 식 = 완전제곱식으로 나타내기

    = 완전제곱식을 이용하여 전개하기

    = 정리 및 계산하기

정답 : _____

08-2. 97^2
(풀이)
준 식 =

정답 : _____

08-3. 45^2
(풀이)
준 식 =

정답 : _____

08-4. 106^2
(풀이)
준 식 =

정답 : _____

08-5. 91^2
(풀이)
준 식 =

정답 : _____

08-6. 83^2
(풀이)
준 식 =

정답 : _____

곱셈공식 응용 첫 번째!
$$x^2 + y^2 = (x \pm y)^2 \mp 2xy$$

대표 문제 9 $x + y = 4$, $xy = 3$에 대하여 다음을 구하세요.

(1) $x^2 + y^2$

(2) $\dfrac{y}{x} + \dfrac{x}{y}$

(3) $(x - y)^2$

(1) $x^2 + y^2 = (x+y)^2 - 2xy = 4^2 - 2 \times 3 = 16 - 6 = 10$

(2) $\dfrac{y}{x} + \dfrac{x}{y} = \dfrac{y^2}{xy} + \dfrac{x^2}{yx} = \dfrac{x^2 + y^2}{xy} = \dfrac{10}{3}$

(3) $(x-y)^2 = x^2 - 2xy + y^2 = 10 - 2 \times 3 = 4$

다음을 구해 봅시다.

09-1. $x + y = 5$, $xy = 3$

(1) $x^2 + y^2$

(풀이)

준 식 $= (x+y)^2 - 2xy$ 이용하기

$=$ 대입 후 값 나타내기

정답 : _____

(2) $\dfrac{y}{x} + \dfrac{x}{y}$

(풀이)

준 식 $=$ 분모 통분하기

$=$ 대입 후 값 나타내기

정답 : _____

(3) $(x - y)^2$

(풀이)

준 식 $=$ 전개하기

$=$ 대입 후 값 나타내기

정답 : _____

09-2. $x - y = 4$, $xy = 10$

(1) $x^2 + y^2$

(풀이)

준 식 $=$

정답 : _____

(2) $\dfrac{y}{x} + \dfrac{x}{y}$

(풀이)

준 식 $=$

정답 : _____

(3) $(x + y)^2$

(풀이)

준 식 $=$

정답 : _____

09-3. $xy = 4$, $x^2 + y^2 = 17$ $\quad (0 < y < x)$

(1) $x - y$

(풀이)

정답 : _____

(2) $\dfrac{x}{y} - \dfrac{y}{x}$

(풀이)

정답 : _____

곱셈공식 응용 두 번째!

$$x^2 + \frac{1}{x^2} = \left(x \pm \frac{1}{x}\right)^2 \mp 2$$

대표 문제 10 $x^2 - 5x + 1 = 0$에 대하여 다음을 구하세요.

(1) $x + \dfrac{1}{x}$

(2) $x^2 + \dfrac{1}{x^2}$

(3) $\left(x - \dfrac{1}{x}\right)^2$

(1) $x^2 - 5x + 1 = 0$의 식을 양변에 x로 나누기

$x - 5 + \dfrac{1}{x} = 0 \rightarrow x + \dfrac{1}{x} = 5$

(2) 곱셈공식 응용 이용하기

$x^2 + \dfrac{1}{x^2} = \left(x + \dfrac{1}{x}\right)^2 - 2 = 25 - 2 = 23$

(3) $\left(x - \dfrac{1}{x}\right)^2 = x^2 - 2 + \dfrac{1}{x^2} = x^2 + \dfrac{1}{x^2} - 2 = 23 - 2 = 21$

다음을 구해 봅시다.

10-1. $x + \dfrac{1}{x} = 2$

(1) $x^2 + \dfrac{1}{x^2}$

(풀이)

준 식 = 곱셈공식 응용

= 식 정리하여 값 구하기

정답 : _____

(2) $\left(x - \dfrac{1}{x}\right)^2$

(풀이)

준 식 = 전개하기

= 식 정리하여 값 구하기

정답 : _____

10-2. $x^2 - 9x + 1 = 0$

(1) $x + \dfrac{1}{x}$

(풀이)

준 식 =

정답 : _____

(2) $x^2 + \dfrac{1}{x^2}$

(풀이)

준 식 =

정답 : _____

(3) $\left(x - \dfrac{1}{x}\right)^2$

(풀이)

준 식 =

정답 : _____

10-3. $x^2 - 3x + 1 = 0$

(1) $x + \dfrac{1}{x}$

(풀이)

준 식 = 양변에 x로 나누기

정답 : _____

(2) $x^2 - 5 + \dfrac{1}{x^2}$

(풀이)

준 식 =

정답 : _____

인 수 분 해

개념해설

인수분해 : 하나의 다항식을 두 개 이상 인수의 곱으로
나타내는 것.

대표 문제 11 $mx-my$을 인수분해하고 인수를 쓰세요.

$$mx-my$$
$$= m(x-y) \qquad \mapsto \text{공통인수 } m\text{으로 묶기}$$
인수 : $1,\ m,\ x-y,\ m(x-y)$

다음 주어진 식을 인수분해하고 인수를 써 봅시다.

11-1. $xy+y$
(풀이)
준 식 = 공통인수로 묶기

인수 : _____

11-2. $2x+4y$
(풀이)
준 식 =

인수 : _____

11-3. x^2y-xy
(풀이)
준 식 =

인수 : _____

11-4. xy^2-2x^2y
(풀이)
준 식 =

인수 : _____

11-5. $4x-2x^2+4xy$
(풀이)
준 식 =

인수 : _____

대표 문제 12 $20\times39-20\times34$을 계산하세요.

$$20\times39-20\times34$$
$$= 20\times(39-34) \qquad \mapsto \text{공통인수 } 20\text{으로 묶기}$$
$$= 20\times5 \ = \ 100$$

다음 주어진 식을 계산해 봅시다.

12-1. $15\times23-15\times13$
(풀이)
준 식 = 공통인수로 묶기

    = 정리 및 계산하기

정답 : _____

12-2. $20\times55-20\times51$
(풀이)
준 식 =

정답 : _____

12-3. $12\times27-12\times17$
(풀이)
준 식 =

정답 : _____

12-4. $30\times14+30\times16$
(풀이)
준 식 =

정답 : _____

12-5. $11\times45-11\times34+11\times9$
(풀이)
준 식 =

정답 : _____

첫 번째 합차공식!
$$x^2 - y^2 = (x+y)(x-y)$$

대표 문제 13 $x^2 - y^2$ 을 인수분해하고 인수를 쓰세요.

$x^2 - y^2$
$= (x+y)(x-y)$ ↦ 합차공식
인수 : 1, $x+y$, $x-y$, $(x+y)(x-y)$

다음 주어진 식을 인수분해하고 인수를 써 봅시다.

13-1. $x^2 - 4y^2$
(풀이)
준 식 = 합차공식 이용

인수 : _____

13-2. $x^2 - 9y^2$
(풀이)
준 식 =

인수 : _____

13-3. $4x^2 - 9y^2$
(풀이)
준 식 =

인수 : _____

13-4. $4x^2 - 3y^2$
(풀이)
준 식 =

인수 : _____

13-5. $5x^2 - y^2$
(풀이)
준 식 =

인수 : _____

대표 문제 14 $99^2 - 1$을 계산하세요.

$99^2 - 1^2$
$= (99+1)(99-1)$ ↦ 합차공식 이용
$= 100 \times 98 = 9800$

다음 주어진 식을 계산해 봅시다.

14-1. $98^2 - 2^2$
(풀이)
준 식 = 합차공식 이용

= 정리 및 계산하기

정답 : _____

14-2. $56^2 - 44^2$
(풀이)
준 식 =

정답 : _____

14-3. $72^2 - 28^2$
(풀이)
준 식 =

정답 : _____

14-4. $101^2 - 1^2$
(풀이)
준 식 =

정답 : _____

14-5. $25^2 - 15^2$
(풀이)
준 식 =

정답 : _____

두 번째 완전제곱식!
$$x^2 + 2xy + y^2 = (x+y)^2$$
참고) $x^2 - 2xy + y^2 = (x-y)^2$

대표 문제 15 $x^2 + 2xy + y^2$을 인수분해하고 인수를 쓰세요.

$x^2 + 2xy + y^2$
$= (x+y)^2$ ↦ 완전제곱식
인수 : $1, \ x+y, \ (x+y)^2$

다음 주어진 식을 인수분해하고 인수를 써 봅시다.

15-1. $x^2 - 2xy + y^2$
(풀이)
준 식 = 완전제곱식 이용

인수 : _____

15-2. $x^2 + 4xy + 4y^2$
(풀이)
준 식 =

인수 : _____

15-3. $x^2 - 6xy + 9y^2$
(풀이)
준 식 =

인수 : _____

15-4. $x^2 + 2x + 1$
(풀이)
준 식 =

인수 : _____

15-5. $4x^2 - 4x + 1$
(풀이)
준 식 =

인수 : _____

대표 문제 16 $99^2 + 2 \times 99 + 1$을 계산하세요.

$99^2 + 2 \times 99 + 1^2$
$= (99+1)^2$ ↦ 완전제곱식 이용
$= 100^2 = 10000$

다음 주어진 식을 계산해 봅시다.

16-1. $101^2 - 2 \times 101 + 1^2$
(풀이)
준 식 = 완전제곱식 이용

= 정리 및 계산하기

정답 : _____

16-2. $49^2 + 2 \times 49 + 1^2$
(풀이)
준 식 =

정답 : _____

16-3. $98^2 + 4 \times 98 + 2^2$
(풀이)
준 식 =

정답 : _____

16-4. $52^2 - 4 \times 52 + 2^2$
(풀이)
준 식 =

정답 : _____

16-5. $33^2 + 14 \times 33 + 7^2$
(풀이)
준 식 =

정답 : _____

x에 관한 식 : x로만 이뤄진 식.

대표 문제 17 $y=3x-1$에 대하여 $x-y$를 x에 관한 식으로 나타내세요.

$x-y$에 $y=3x-1$을 대입하기
$x-(3x-1)=x-3x+1=-2x+1$
∴ x에 관한 식 : $-2x+1$

다음 주어진 식을 x에 관한 식으로 나타내어 봅시다.

17-1. $y=-2x+1$

(1) $x+y$
(풀이)
$y=-2x+1$을 $x+y$에 대입하기

x에 관한 식 : _____

(2) xy
(풀이)

x에 관한 식 : _____

(3) $2x-y$
(풀이)

x에 관한 식 : _____

17-2. $2x-y=0$

(1) y
(풀이)

x에 관한 식 : _____

(2) $x-y$
(풀이)

x에 관한 식 : _____

(3) $2x-5y$
(풀이)

x에 관한 식 : _____

17-3. $2x-3y+1=0$

(1) $3y$
(풀이)

x에 관한 식 : _____

(2) $4x-3y+1$
(풀이)

x에 관한 식 : _____

(3) $2x-(x+3y)$
(풀이)

x에 관한 식 : _____

복잡한 계산을 배우는 이유는?

수학공부를 할 때, 계산기도 있는데 왜 직접 계산해야 하는지 적지 않은 학생들이 궁금해 합니다. 하지만 궁금함도 잠시 자연스럽게 우리는 여전히 계산기로 하지 않고 직접 손으로 계산을 하고 정답을 찾아냅니다.

왜 우리는 계산기로 계산하지 않고 직접 손으로 계산을 할까요?
나아가 왜 우리는 복잡한 다항식의 계산 혹은 혼합계산을 할까요?

이는 바로 순서라는 것을 배울 수 있기 때문입니다. 다시 말하면 올바른 순서를 정하는 방법을 배우기 때문입니다.

왜 다른 방법도 있는데 굳이 복잡한 계산을 함으로써 올바른 순서 정하는 방법을 배울까요? 아마도 다른 방법보다 짧은 시간에 최대한 효과를 볼 수 있기 때문일 것입니다.

그렇다면 올바른 순서를 정하는 방법을 꼭 배워야 할까요? 물론 꼭 배우지 않아도 됩니다. 다만 배우게 된다면 우리는 앞으로 보다 나은 삶을 살 수 있습니다.

우리에게는 삶의 목표가 있고 살다보면 여러 문제를 접하게 되는데 이때, 올바른 순서를 정하고 행하면 삶의 목표를 꼭 성취한다는 보장은 못하지만 최소한 근접할 수 있게 되고 여러 문제들을 지혜롭게 해결할 수 있게 됩니다.

따라서 이러한 이유로 우리는 복잡한 계산을 배우고 익히게 됩니다.

II

방정식과 부등식

예부터 수학에 관심을 가진 사람들은 방정식과 부등식을 세우고 이를 해결하는 것을 좋아했습니다.

이유는 무엇일까요?
이는 어렵고 난해한 문제를 식으로 표현하고 이 식을 통해 문제를 보다 쉽게 해결할 수 있었기 때문입니다. 또한 이러한 문제를 다른 사람들도 쉽게 해결할 수 있도록 일반화하여 안내할 수 있었기 때문이기도 합니다.
그래서 예부터 방정식과 부등식을 세우기를 좋아했고 이를 통해 주어진 문제를 해결하기 좋아했습니다. 그리고 그들은 서로 문제를 내며 즐기거나 자신이 조금 더 잘한다는 사실을 과시하기도 했습니다.

이와 같이 어려운 문제를 방정식과 부등식으로 나타내어 보다 쉽고 간단히 해결할 수 있게 됩니다.

그런데 방정식과 부등식을 배우면 실제로 현실 문제를 해결하는 데 도움이 될까요? 또한 우리가 배우는 거·속·시 문제, 농도 문제 등 이러한 문제를 성인이 되어서도 볼 기회가 있을까요?
필자 개인적인 생각에는 거의 없다고 봅니다. 물론 실제로 쓰인 문제도 있겠죠. 하지만 교과서에서 본 문제를 다시 볼 경우는 없을 것입니다.

그러면 왜 나중에 쓰지도 않을 것을 이렇게 배워야 할까요?

이유는 아주 간단합니다. 현실에서 쓰이는 것보다 앞으로 문제를 해결하는 데 있어 보다 쉽게 해결할 수 있는 능력을 향상시키는 것입니다.
그래서 우리는 방정식과 부등식의 문제를 접할 때, 마냥 문제를 푸는 것보다 어떻게 하면 쉽게 식을 세우고 해결할 수 있는지 생각하며 문제를 접해야 합니다.

우리는 앞으로 살면서 다양하고 많은 문제, 어려운 문제들을 접하게 됩니다. 이때, 우리는 이러한 문제들을 해결하기 위해 고민하고 노력합니다. 하지만 해결하는 것은 쉽지 않죠. 이러한 문제를 보다 쉽고 간단히 해결하기 위해 학교에서 문제를 쉽게 해결하는 방법을 배우고 이를 쉽게 해결할 수 있는 능력을 향상시킵니다. 그중 방정식과 부등식은 이러한 문제를 해결하는 방법과 능력을 향상시켜주는 데 아주 좋은 공부가 됩니다. 그러므로 우리는 학교에서 수학 단원 중 방정식과 부등식을 배우게 됩니다.

이것이 바로 방정식과 부등식을 배우는 가장 큰 이유입니다.

03 방정식

방정식의 정의와 일차 방정식

1) 등식, 항등식, 방정식의 정의
* 등식 : 등호로 이뤄진 식을 말합니다.
* 항등식 : 항상 참이 되는 등식을 말합니다.
   즉, 등호를 기준으로 좌변 값과 우변 값이 항상 같음을 말합니다.
* 방정식 : 미지수 x값에 따라 참 또는 거짓이 되는 등식을 말합니다.
* 방정식의 해 또는 근 : 방정식을 참으로 만드는 x값을 말합니다.

2) 일차 방정식
* 일차 방정식 : 일차식의 꼴로 이뤄진 방정식을 말합니다.
* 일차 방정식의 꼴 : $ax + b = 0 \quad (a \neq 0)$
* 일차 방정식의 해가 될 조건
$ax = b$에 대하여
해가 많을 때 : $a = b = 0$
해가 없을 때 : $a = 0,\ b \neq 0$
해가 1개 있을 때 : $a \neq 0$

연립 방정식

1) 연립 방정식의 정의
* 연립 방정식 : 두 개 이상의 방정식으로 이뤄진 것을 말합니다.
* 연립 방정식의 해 : 공통해 또는 공통근을 말합니다.

* 연립 방정식의 해를 구하는 방법!
① 가감법
각 방정식에 적절한 상수를 곱한 다음 방정식끼리 더하거나 빼서 미지수를 소거해 가며 방정식의 해를 구하는 방법.
② 대입법
두어진 두 방정식 중 하나를 어느 한 미지수에 관하여 풀고 그 결과를 다른 쪽 방정식에 대입함으로써 한 미지수를 소거하여 방정식의 공통 해를 구하는 방법.

* 연립 방정식의 해가 될 조건
$\begin{cases} ax + by = c \\ a'x - b'y = c' \end{cases}$ 에서
해가 무수히 많을 경우 : $a = a',\ b = b',\ c = c'$
해가 없을 경우 : $a = a',\ b = b',\ c \neq c'$

이차 방정식

1) 이차 방정식의 정의

* 이차 방정식 : 이차식의 꼴로 이뤄진 방정식을 말합니다.
* 이차 방정식의 꼴 : $ax^2 + bx + c = 0$ $(a \neq 0)$
* 인수분해 : 인수들로 분해한 것을 말합니다.
* 인수 : 임의의 식을 곱으로 나타낸 것을 말합니다.
* 완전제곱꼴 : $a(x - \alpha)^2 + \beta = 0$의 형태를 말합니다.

* 근의 공식 : 이차 방정식의 계수와 상수를 이용하여 근을 쉽게 구할 수 있는 공식을 말합니다.

$$ax^2 + bx + c = 0 \quad a \neq 0 \rightarrow \quad x = \frac{-b \pm \sqrt{b^2 - 4ac}}{2a}$$

* 판별식 : 근을 판별하는 것을 말합니다.

$D = b^2 - 4ac$
$D > 0$: 서로 다른 두 근(근 2개)
$D = 0$: 중 근(근 1개)
$D < 0$: 근이 없다.(근 0개)

* 근과 계수와의 관계 : 이차 방정식의 해(근)와 계수(a, b, c)와 관계된 식을 말합니다.

참고

두 근을 연산한 값이 궁금할 때 다음과 같은 관계식을 이용합니다.

$ax^2 + bx + c = 0$

두 근을 α, β라 할 때,

두 근의 합 : $\alpha + \beta = -\dfrac{b}{a}$

두 근의 곱 : $\alpha\beta = \dfrac{c}{a}$

04 부등식

부등식 표현과 일차 부등식

1) 부등식의 정의
부등호($<$, $>$, $\leq$, $\geq$)로 이뤄진 식을 말합니다.

* 부등식의 표현
① 어떤 수 x는
- a 초과(또는 a보다 크다) $\rightarrow$ $x > a$
- a 미만(또는 a보다 작다) $\rightarrow$ $x < a$
- a 이상(또는 a보다 크거나 같다) $\rightarrow$ $x \geq a$
- a 이하(또는 a보다 작거나 같다) $\rightarrow$ $x \leq a$

② 이고(and)
예) 어떤 수 x는 a 초과이고 b 미만이다(a보다 크고 b보다 작다) $\rightarrow$ $a < x < b$
또는(or)
예) 어떤 수 x는 a 미만 또는 b보다 크다(a보다 작거나 b보다 크다) $\rightarrow$ $x < a$, $x > b$

2) 일차 부등식
* 부등식 : 부등호($<$, $>$, $\leq$, $\geq$)로 이뤄진 식을 말합니다.
* 일차 부등식 : 부등호($<$, $>$, $\leq$, $\geq$)로 이뤄진 일차식을 말합니다.
예) $ax + b > 0$

* 부등식 연산
① 덧셈, 뺄셈을 이항하거나 또는 연산 법칙에 따라 양변을 더하거나 빼도 부등호의 방향은 변하지 않습니다.
② 양수로 이뤄진 수에 대해 곱셈 나눗셈을 이항 또는 연산 법칙에 따라 양변을 곱하거나 나누어도 부등호의 방향은 변하지 않습니다. (단, 음수인 경우는 부등호 방향이 바뀜.)

연립 부등식

* 연립부등식 : 두 개 이상의 부등식으로 나타낸 것을 말합니다.
* 연립부등식의 해 : 각 영역의 공통 영역을 말합니다.

방 정 식 의 정 의 와 일 차 방 정 식

개념해설

등식 : 등호 '='가 있는 식
항등식 : 항상 참이 되는 등식
* 등호를 기준으로 좌변 우변의 값이 항상 같음.
방정식 : 미지수와 등호가 있는 식

대표 문제 1 다음 물음에 답하세요.

ㄱ. $1+2$　　ㄴ. $1+2=3$　　ㄷ. $x+1=2$

(1) 등식인 것은 무엇일까요?

(2) 항등식인 것은 무엇일까요?

(3) 방정식인 것은 무엇일까요?

ㄱ : 그냥 식입니다.
ㄴ : 등호가 있으므로 등식이 되고 등호를 기준으로 좌변의 값 $(1+2)$과 우변의 값(3)이 같으므로 항등식도 됩니다.
ㄷ : 미지수 x와 등호가 있으므로 방정식입니다.
∴ 등식 : ㄴ,ㄷ, 항등식 : ㄴ, 방정식 : ㄷ입니다.

다음 물음에 답해 봅시다.

01-1.

ㄱ. $2x-1$　　　　ㄴ. $x+1=1$
ㄷ. $4+2=6$　　　ㄹ. $3+3=9$

(1) 등식인 것을 고르세요.

(2) 항등식인 것을 고르세요.

(3) 방정식인 것을 고르세요.

01-2.

ㄱ. $3+1=5$　　　　ㄴ. $x^2+2=0$
ㄷ. $2x+3=2(x+1)+1$　　ㄹ. $x+1$

(1) 등식인 것을 고르세요.

(2) 항등식인 것을 고르세요.

(3) 방정식인 것을 고르세요.

개념해설

방정식의 해 또는 근!
방정식을 참으로 만드는 x값을 방정식의 해 또는 근이라 함.

대표 문제 2 방정식의 해가 $x=1$인 것을 고르세요.

ㄱ. $2x+3=x-5$　　ㄴ. $3x-4=x-2$

ㄷ. $-x+1=0$　　ㄹ. $3x=5(x+1)-3$

$x=1$을 각각 대입하여 참이 되면 방정식의 해가 됩니다.
ㄱ. $2\times1+3=1-5 \rightarrow 5\neq-4$
ㄴ. $3\times1-4=1-2 \rightarrow -1=-1$
ㄷ. $-1+1=0 \rightarrow 0=0$
ㄹ. $3\times1=5(1+1)-3 \rightarrow 3\neq7$
∴ 해가 $x=1$인 것은 'ㄴ, ㄷ'입니다.

다음 주어진 해가 되는 것을 골라봅시다.

02-1. 해가 $x=2$인 것은?

ㄱ. $x+2=2x+4$　　　ㄴ. $2x-1=3$
ㄷ. $2x+1=3(x-1)+2$　　ㄹ. $4x+2=x-3$

이유) $x=2$를 각각 대입하여 참 거짓 비교하기
ㄱ.

ㄴ.

ㄷ.

ㄹ.

02-2. 해가 $x=-1$인 것은?

ㄱ. $x+3=2x+4$　　ㄴ. $3(x+2)-1=x+3$
ㄷ. $2x+2=0$　　ㄹ. $5x+1=4(x-2)+7$

이유) $x=-1$를 각각 대입하여 참 거짓 비교하기
ㄱ.

ㄴ.

ㄷ.

ㄹ.

일차 방정식 해 구하기!
이항 또는 연산법칙을 이용하여 참이 되는(좌변과
우변의 값이 같도록) 미지수의 값

대표 문제 3 일차 방정식 $2x+5=0$의 해를 구하세요.

$2x+5=0$
$\rightarrow 2x=-5 \qquad \mapsto +5$를 우변으로 이항하기
$\therefore x=-\dfrac{5}{2}$

일차 방정식의 해를 구해 봅시다.

03-1. $x+1=0$
(풀이)
준 식 → 이항 또는 연산법칙을 이용하여 해 구하기

해 : _____

03-2. $2x+4=0$
(풀이)
준 식 →

해 : _____

03-3. $3x+5=0$
(풀이)
준 식 →

해 : _____

03-4. $-2x-4=0$
(풀이)
준 식 →

해 : _____

03-5. $2x-5=x-2$
(풀이)
준 식 →

해 : _____

$ax=b$에 대하여
해가 많을 때 : $a=b=0$
해가 없을 때 : $a=0,\ b\neq 0$
해가 1개 있을 때 : $a\neq 0$

대표 문제 4 $ax+b=0$의 해가 많을 때, a,b의 조건을 알아보세요.

$ax+b=0$
$\rightarrow ax=-b$
해가 많을 때 : $a=-b=0$
$\therefore a=b=0$

다음 일차 방정식의 해가 괄호 안 '$[\ \ ]$'과 같을 때, a 또는 a,b의 조건을 알아봅시다.

04-1. $ax-b=0$ [해가 많을 때]
(풀이)
준 식 → $\square x=\triangle$의 꼴로 나타내기

조건 : _____

04-2. $ax-b=0$ [해가 없을 때]
(풀이)
준 식 →

조건 : _____

04-3. $ax-b=0$ [해가 1개 있을 때]
(풀이)
준 식 →

조건 : _____

04-4. $(a-1)x-b=0$ [해가 많을 때]
(풀이)
준 식 →

조건 : _____

04-5. $2ax-b+1=0$ [해가 없을 때]
(풀이)
준 식 →

조건 : _____

04-6. $(a+1)x-b-1=0$ [해가 1개 있을 때]
(풀이)
준 식 →

조건 : _____

QUIZ 05   **숫자 친구들 모여라!**

다음 조건을 잘 보고 물음표에 들어갈 숫자는 무엇일지 알아봅시다.
<조건>
1) 동그라미에 들어갈 숫자는 1~6이며 각각 한 번씩만 쓸 수 있습니다.
2) 동그라미 사이에는 주변을 둘러싸고 있는 동그라미 속 숫자를 모두 합한 것입니다.

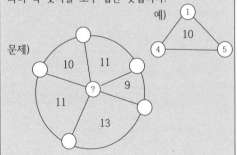

대표 문제 5 일차 방정식 $ax+2=0$의 해가 $x=2$일 때, 상수 a의 값을 구하세요.

$x=2$를 $ax+2=0$에 대입하기
→ $2\times a+2=0$
∴ $a=-1$

다음 일차 방정식의 해가 괄호 안 '[ ]'과 같을 때, 상수 a의 값을 구해 봅시다.

05-1. $ax+1=0$ $[-1]$
(풀이)
$x=-1$을 준 식에 대입하기

정답 : _____

05-2. $ax+3=0$ $[1]$
(풀이)

정답 : _____

05-3. $2ax+4=0$ $[1]$
(풀이)

정답 : _____

05-4. $ax-5=a$ $[2]$
(풀이)

정답 : _____

05-5. $x+a=2ax+3$ $[-2]$
(풀이)

정답 : _____

연 립 방 정 식

개념해설

가감법!

각 방정식에 적절한 상수를 곱하여 방정식을
더하거나(가) 빼서(감) 미지수를 소거해가며 방정식의
공통 해를 구하는 방법.

대표 문제 6 연립 방정식 $\begin{cases} x+2y=3 \\ 2x-y=1 \end{cases}$ 의 해를 가감

법을 이용하여 구하세요.

y를 소거하여 해 구하기!

$\begin{cases} x+2y=3 & \cdots ① \\ 2x-y=1 & \cdots ② \end{cases}$ $\xrightarrow[\text{양변} \times 2]{②\text{번 식}}$ $\begin{cases} x+2y=3 & \cdots ① \\ 4x-2y=2 & \cdots ②' \end{cases}$

①번 식 + ②'번 식 :

$\begin{array}{r} x+2y=3 \\ +)\,4x-2y=2 \\ \hline 5x=5 \end{array}$

$\therefore x=1$

$x=1$을 ①번 식에 대입하기 $\rightarrow 1-2 \times y=3$ $\therefore y=1$

$\therefore x=1, y=1$

다음 연립 방정식의 해를 가감법을 이용하여 구해 봅시다.

06-1. $\begin{cases} x+y=2 \\ 2x-y=1 \end{cases}$

(풀이)

목표 : _____y_____ 를 소거하여 해 구하기

→ { 각 방정식에 번호 부여하기

→ 두 식을 가감하여 미지수 소거하기

→ 나온 결과를 임의의 한 식에 대입하기

정답 : _____

06-2. $\begin{cases} x-y=2 \\ x+2y=5 \end{cases}$

(풀이)

목표 : _____를 소거하여 해 구하기

→

정답 : _____

06-3. $\begin{cases} x-3y=6 \\ x+2y=1 \end{cases}$

(풀이)

목표 : _____를 소거하여 해 구하기

→

정답 : _____

06-4. $\begin{cases} x-2y=8 \\ 2x+3y=-5 \end{cases}$

(풀이)

목표 : _____를 소거하여 해 구하기

→

정답 : _____

06-5. $\begin{cases} 3x+2y=5 \\ x-3y=-2 \end{cases}$

(풀이)

목표 : _____를 소거하여 해 구하기

→

정답 : _____

대입법!
주어진 두 방정식 중 하나를 어느 한 미지수에 관하여 풀고 그 결과를 다른 쪽 방정식에 대입함으로써 한 미지수를 소거하여 방정식의 공통 해를 구하는 방법.

대표 문제 7 연립 방정식 $\begin{cases} x+2y=3 \\ 2x-y=1 \end{cases}$ 의 해를 대입법을 이용하여 구하세요.

$\begin{cases} x+2y=3 & \cdots ① \\ 2x-y=1 & \cdots ② \end{cases}$
①번 식을 x에 관하여 풀기
$\rightarrow \begin{cases} x=3-2y & \cdots ①' \\ 2x-y=1 & \cdots ② \end{cases}$
①'번 식을 ②번 식에 대입하기
$\rightarrow 2(3-2y)-y=1 \rightarrow y=1$
$y=1$을 ①'번 식에 대입하기 $\rightarrow x=3-2\times 1=1$
$\therefore x=1, y=1$

다음 연립 방정식의 해를 대입법 이용하여 구해 봅시다.

07-1. $\begin{cases} y=2-x \\ x+2y=3 \end{cases}$
(풀이)
$\rightarrow \Big\{$ 각 방정식에 번호 부여하기

$\rightarrow y$에 관하여 나타낸 식을 다른 식에 대입하기

$\rightarrow$ 나온 결과를 y에 관하여 나타낸 식에 대입하기

정답 : _____

07-2. $\begin{cases} y=1-2x \\ x-3y=-3 \end{cases}$
(풀이)
$\rightarrow$

정답 : _____

07-3. $\begin{cases} x=1+2y \\ 2x+3y=16 \end{cases}$
(풀이)
$\rightarrow$

정답 : _____

07-4. $\begin{cases} 2x+y=3 \\ x+2y=3 \end{cases}$
(풀이)
목표 : _____식을 ____에 관하여 풀기
$\rightarrow$ 임의의 한 방정식을 선택하여

____에 관하여 나타낸 후 번호 부여하기

$\rightarrow$ ____에 관하여 나타낸 식을 다른 식에 대입하기

$\rightarrow$ 나온 결과를 본 식에 대입하여 다른 해 구하기

정답 : _____

07-5. $\begin{cases} 5x-y=9 \\ 3x+2y=8 \end{cases}$
(풀이)
목표 : _____식을 ____에 관하여 풀기
$\rightarrow$

정답 : _____

$\begin{cases} ax + by = c \\ a'x + b'y = c' \end{cases}$ 에서

해가 무수히 많을 경우 : $a = a'$, $b = b'$, $c = c'$

해가 없을 경우 : $a = a'$, $b = b'$, $c \neq c'$

대표 문제 8 연립 방정식 $\begin{cases} x + y = 2 \\ 2x + 2y = 4 \end{cases}$ 의 해를 구

하세요.

$\begin{cases} x + y = 2 & \cdots ① \\ 2x + 2y = 4 & \cdots ② \end{cases}$ 에서 ①번 식 $\times 2$를 하기

$\rightarrow \begin{cases} 2x + 2y = 4 & \cdots ①' \\ 2x + 2y = 4 & \cdots ② \end{cases}$

①'의 식과 ②번식은 같습니다.

(x의 계수, y의 계수, 상수가 모두 똑같음)

∴ 해는 무수히 많습니다.

다음 연립 방정식의 해를 구해 봅시다.

08-1. $\begin{cases} x - y = 1 \\ 3x - 3y = 3 \end{cases}$

(풀이)

→ $x - y = 1$을 양변에 $\times 3$하여 나타내기

두 식 x의 계수, y의 계수, 상수의 값을 비교하기

정답 : _____

08-2. $\begin{cases} x - y = 3 \\ 2x - 2y = 9 \end{cases}$

(풀이)
→

정답 : _____

08-3. $\begin{cases} 2x - y = 2 \\ -4x + 2y = -4 \end{cases}$

(풀이)
→

정답 : _____

08-4. $\begin{cases} 4x - 2y = 6 \\ -2x + y = 3 \end{cases}$

(풀이)
→

정답 : _____

08-5. $\begin{cases} 3x - 3y = 6 \\ x = y - 2 \end{cases}$

(풀이)
→

정답 : _____

08-6. $\begin{cases} 4x - 4y = 12 \\ y = x + 3 \end{cases}$

(풀이)
→

정답 : _____

대표 문제 9 연립 방정식 $\begin{cases} ax+y=1 \\ 2x+2y=2 \end{cases}$ 의 해가 무수히 많을 경우 상수 a의 값을 구하세요.

$\begin{cases} ax+y=1 & \cdots\text{①} \\ 2x+2y=2 & \cdots\text{②} \end{cases}$

①번 식 양변 $\times 2$

$\begin{cases} 2ax+2y=2 & \cdots\text{①}' \\ 2x+2y=2 & \cdots\text{②} \end{cases}$

해가 무수히 많을 경우(x계수, y계수, 상수가 서로 같아야 함.)

∴ $2a=2$입니다.

그러므로 $a=1$입니다.

다음 연립 방정식의 해가 괄호 안 '[ ]'과 같을 때, a의 조건을 알아봅시다.

09-1. $\begin{cases} ax+2y=5 \\ -2x+4y=10 \end{cases}$ [해가 많을 때]

(풀이)

$ax+2y=5$을 양변에 $\times 2$

두 식 x의 계수, y의 계수, 상수의 값을 비교하기

정답 : _____

09-2. $\begin{cases} x+3y=3 \\ -x-3y=a \end{cases}$ [해가 없을 때]

(풀이)

정답 : _____

09-3. $\begin{cases} x-ay=2 \\ 2x-4y=4 \end{cases}$ [해가 많을 때]

(풀이)

정답 : _____

09-4. $\begin{cases} 2x+3ay=2 \\ -4x+6y=4 \end{cases}$ [해가 없을 때]

(풀이)

정답 : _____

09-5. $\begin{cases} x+(1-a)y=4 \\ -x+2ay=4 \end{cases}$ [해가 없을 때]

(풀이)

정답 : _____

09-6. $\begin{cases} x-2y=a+1 \\ 2x-4y=3a \end{cases}$ [해가 많을 때]

(풀이)

정답 : _____

대표 문제 10 연립 방정식 $\begin{cases} ax+y=1 \\ 2x+by=3 \end{cases}$ 의 해가

$x=1,\ y=1$일 때, 상수 a,b의 값을 구하세요.

$x=1,\ y=1$을 주어진 연립 방정식에 대입하기

$\begin{cases} a\times 1+1=1 \\ 2\times 1+b\times 1=3 \end{cases}$ → $\begin{cases} a=0 \\ b=1 \end{cases}$

$\therefore\ a=0,\ b=1$

다음 연립 방정식의 해가 괄호 안 '[ ]'과 같을 때, a,b의 값을 구해 봅시다.

10-1. $\begin{cases} ax+2y=5 \\ -2x+by=1 \end{cases}$ $\quad [x=1,\ y=3]$

(풀이)

→ $\Big\{$ $\quad x=1,\ y=3$을 대입하기

→ 정리하여 a,b의 값 구하기

정답 : _____

10-2. $\begin{cases} 2x+ay=2 \\ bx+y=0 \end{cases}$ $\quad [x=1,\ y=1]$

(풀이)

→

정답 : _____

10-3. $\begin{cases} ax+3y=7 \\ 2x+by=4 \end{cases}$ $\quad [x=4,\ y=1]$

(풀이)

→

정답 : _____

10-4. $\begin{cases} ax+3y=3 \\ x-ay=b \end{cases}$ $\quad [x=3,\ y=2]$

(풀이)

→

정답 : _____

10-5. $\begin{cases} ax+by=3 \\ 2ax+by=1 \end{cases}$ $\quad [x=1,\ y=-1]$

(풀이)

→

정답 : _____

10-6. $\begin{cases} ax+by=4 \\ 2ax-by=2 \end{cases}$ $\quad [x=2,\ y=2]$

(풀이)

→

정답 : _____

대표 문제 11 이차 방정식 $x^2 - 2x - 15 = 0$의 해를 구하세요.(인수분해 이용)

$$x^2 \quad \boxed{-2x} \quad -15 \quad = \quad 0$$

$$
\begin{array}{ccc}
x & & -5 & \rightarrow & x와 \ -5의 \ 곱 & -5x \\
\times & & \times & & & + \\
x & & +3 & \rightarrow & x와 \ +3의 \ 곱 & +3x \\
\end{array}
$$

$$\overline{\boxed{-2x}}$$

$\rightarrow (x-5)(x+3) = 0$

$\therefore \ x = 5$ 또는 $x = -3$

인수분해를 이용하여 주어진 이차 방정식의 해를 구해 봅시다.

11-1. $x^2 + 5x - 14 = 0$

(풀이)

$$x^2 \quad \boxed{+5x} \quad -14 \quad = \quad 0$$

$$
\begin{array}{ccc}
x & & +7 & \rightarrow & x와 \ +7의 \ 곱 & +7x \\
\times & & \times & & & + \\
x & & -2 & \rightarrow & x와 \ -2의 \ 곱 & -2x \\
\end{array}
$$

$$\overline{\boxed{+5x}}$$

$\rightarrow$ 인수분해 하기

해 : _____

11-2. $x^2 - 6x + 5 = 0$

(풀이)

$$x^2 \quad -6x \quad +5 \quad = \quad 0$$

$\rightarrow$

해 : _____

11-3. $x^2 + 8x + 16 = 0$

(풀이)

$$x^2 \quad +8x \quad +16 \quad = \quad 0$$

$\rightarrow$

해 : _____

11-4. $2x^2 - 13x - 7 = 0$

(풀이)

$$2x^2 \quad -13x \quad -7 \quad = \quad 0$$

$\rightarrow$

해 : _____

11-5. $3x^2 - 2x - 5 = 0$

(풀이)

$$3x^2 \quad -2x \quad -5 \quad = \quad 0$$

$\rightarrow$

해 : _____

대표 문제 12 이차 방정식 $-x^2+3x+4=0$의 해를 구하세요.(인수분해 이용)

$-x^2+3x+4=0$ 양변 $\times(-1)$

$\rightarrow x^2 \;\; \fbox{$-3x$} \;\; -4 = 0$

$$\begin{array}{ccc} \| & & \| \\ x & & -4 \end{array}$$

x ──── -4 ➡ x와 -4의 곱 $\quad -4x$

$\times \qquad\quad \times \qquad\qquad\qquad\qquad +$

x ──── $+1$ ➡ x와 $+1$의 곱 $\quad +x$

$\rule{2cm}{0.4pt}$

$\qquad\qquad\qquad\qquad\qquad\qquad\qquad \fbox{$-3x$}$

$\rightarrow (x-4)(x+1)=0$

준 식 인수분해 : $-(x-4)(x+1)=0$

$\therefore \; x=4$또는 $x=-1$

인수분해를 이용하여 주어진 이차 방정식의 해를 구해 봅시다.

12-1. $-x^2+3x-2=0$

(풀이) 양변 $\times(-1) \rightarrow x^2-3x+2=0$

$x^2 \;\; \fbox{$-3x$} \;\; +2 = 0$

$$\begin{array}{ccc} \| & & \| \\ x & & -2 \end{array}$$

x ──── -2 ➡ x와 -2의 곱 $\quad -2x$

$\times \qquad\quad \times \qquad\qquad\qquad\qquad +$

x ──── -1 ➡ x와 -1의 곱 $\quad -x$

$\rule{2cm}{0.4pt}$

$\qquad\qquad\qquad\qquad\qquad\qquad\qquad \fbox{$-3x$}$

$\rightarrow$ 인수분해 하기

해 : _____

12-2. $-x^2-6x-5=0$

(풀이)

$\rightarrow$

해 : _____

12-3. $-x^2-4x+12=0$

(풀이)

$\rightarrow$

해 : _____

12-4. $-2x^2+5x-2=0$

(풀이)

$\rightarrow$

해 : _____

12-5. $-4x^2+x+3=0$

(풀이)

$\rightarrow$

해 : _____

완전제곱꼴 : $a(x-\alpha)^2+\beta=0$

대표 문제 13 이차 방정식 $x^2-2x-2=0$의 해를 구하세요.(완전제곱꼴 이용)

(풀이)

$x^2-2x-2=0$

$\rightarrow (x^2-2x)-2=0$ $\quad\mapsto x^2$과 x묶기

$\rightarrow (x^2-2x+(-1)^2-(-1)^2)-2=0$ $\mapsto \pm\left(x계수\times\dfrac{1}{2}\right)^2$

$\rightarrow (x^2-2x+(-1)^2)-2-1=0$ $\quad\mapsto -(-1)^2$괄호 밖으로

$\rightarrow (x-1)^2=3$

$\rightarrow x-1=\pm\sqrt{3}$

$\therefore x=1\pm\sqrt{3}$ (또는 $x=1+\sqrt{3}$, $x=1-\sqrt{3}$)

완전제곱꼴을 이용하여 주어진 이차 방정식의 해를 구해 봅시다.

13-1. $x^2+2x-1=0$

(풀이)

준 식 $\rightarrow$ x^2과 x묶기

$\quad\rightarrow x$의 계수에 $\times\dfrac{1}{2}$을 한 후 제곱한 값을 더하고 빼기

$\quad\rightarrow$ 위 과정에서 뺀 값을 괄호 밖으로 보내기

$\quad\rightarrow$ 완전제곱꼴로 나타내기

$\quad\rightarrow$ 제곱 풀기

해 : _____

13-2. $x^2-4x+2=0$

(풀이)

준 식 $\rightarrow$

해 : _____

13-3. $x^2+6x+2=0$

(풀이)

준 식 $\rightarrow$

해 : _____

13-4. $x^2-2x-4=0$

(풀이)

준 식 $\rightarrow$

해 : _____

13-5. $x^2+8x+2=0$

(풀이)

준 식 $\rightarrow$

해 : _____

대표 문제 14 이차 방정식 $x^2-x-1=0$의 해를 구하세요.(완전제곱꼴 이용)

$$x^2-x-1=0$$
$$\to (x^2-x)-1=0 \qquad\qquad \mapsto x^2 과 \ x 묶기$$
$$\to \left(x^2-x+\left(-\frac{1}{2}\right)^2\right)-\left(-\frac{1}{2}\right)^2-1=0 \quad \mapsto \pm\left(x계수\times\frac{1}{2}\right)^2$$
$$\to \left(x^2-x+\left(-\frac{1}{2}\right)^2\right)-1-\frac{1}{4}=0 \qquad \mapsto -\left(-\frac{1}{2}\right)^2 괄호 밖으로$$
$$\to \left(x-\frac{1}{2}\right)^2=\frac{5}{4}$$
$$\to x-\frac{1}{2}=\pm\frac{\sqrt{5}}{2}$$
$$\therefore x=\frac{1}{2}\pm\frac{\sqrt{5}}{2} \ (또는 \ x=\frac{1}{2}+\frac{\sqrt{5}}{2}, \ x=\frac{1}{2}-\frac{\sqrt{5}}{2})$$

완전제곱꼴을 이용하여 주어진 이차 방정식의 해를 구해 봅시다.

14-1. $x^2+x-1=0$
(풀이)
준 식 → x^2과 x 묶기

→ x의 계수에 $\times\frac{1}{2}$을 한 후 제곱한 값을 더하고 빼기

→ 위 과정에서 뺀 값을 괄호 밖으로 보내기

→ 완전제곱꼴로 나타내기

→ 제곱 풀기

해 : _____

14-2. $x^2+x-3=0$
(풀이)
준 식 →

해 : _____

14-3. $x^2-3x+1=0$
(풀이)
준 식 →

해 : _____

14-4. $x^2+5x-1=0$
(풀이)
준 식 →

해 : _____

14-5. $x^2+7x+5=0$
(풀이)
준 식 →

해 : _____

이차 방정식 $2x^2+5x-1=0$의 해를 구하세요.(완전제곱꼴 이용)

$$2x^2+5x-1=0$$
$$\to 2\left(x^2+\frac{5}{2}x\right)-1=0 \quad \mapsto \quad x^2\text{의 계수가 1이 되도록 } x^2\text{과 } x\text{ 묶기}$$
$$\to 2\left(x^2+\frac{5}{2}x+\left(\frac{5}{4}\right)^2-\left(\frac{5}{4}\right)^2\right)-1=0 \quad \mapsto \quad \pm\left(x\text{계수}\times\frac{1}{2}\right)^2$$
$$\to 2\left(x^2+\frac{5}{2}x+\left(\frac{5}{4}\right)^2\right)-1-\frac{25}{8}=0 \quad \mapsto \quad -\left(\frac{5}{4}\right)^2 \text{ 괄호 밖으로}$$
$$\to \left(x+\frac{5}{4}\right)^2=\frac{33}{16}$$
$$\to x+\frac{5}{4}=\pm\frac{\sqrt{33}}{4}$$
$$\therefore \quad x=-\frac{5}{4}\pm\frac{\sqrt{33}}{4} \quad \left(\text{또는 } x=-\frac{5}{4}+\frac{\sqrt{33}}{4}, \ x=-\frac{4}{5}-\frac{\sqrt{33}}{4}\right)$$

* $2x^2+5x-1=0$을 양변에 $\div 2$한 후 진행해도 됩니다.

완전제곱꼴을 이용하여 주어진 이차 방정식의 해를 구해 봅시다.

15-1. $2x^2-x-2=0$
(풀이)
준 식 → x^2과 x 묶기

    → x의 계수에 $\times\frac{1}{2}$을 한 후 제곱한 값을 더하고 빼기
    → 위 과정에서 뺀 값을 괄호 밖으로 보내기

    → 완전제곱꼴로 나타내기

    → 제곱 풀기

해 : _____

15-2. $3x^2+2x-2=0$
(풀이)
준 식 →

해 : _____

15-3. $-2x^2-3x+4=0$
(풀이)
준 식 →

해 : _____

15-4. $\frac{1}{2}x^2+3x-1=0$
(풀이)
준 식 →

해 : _____

15-5. $\frac{1}{3}x^2+4x+1=0$
(풀이)
준 식 →

해 : _____

〈근의 공식〉

$ax^2 + bx + c = 0, \quad a \neq 0$

$$\rightarrow \ x = \frac{-b \pm \sqrt{b^2 - 4ac}}{2a}$$

대표 문제 16 이차 방정식 $x^2 - 2x - 4 = 0$의 해를 구하세요.(근의 공식 이용)

$x^2 - 2x - 4 = 0$

$\rightarrow \ a = 1, \ b = -2, \ c = -4$

$$\rightarrow \ x = \frac{-(-2) \pm \sqrt{(-2)^2 - 4 \times 1 \times (-4)}}{2 \times 1}$$

$$= \frac{2 \pm \sqrt{20}}{2} = \frac{2 \pm 2\sqrt{5}}{2} = 1 \pm \sqrt{5}$$

$\therefore \ x = 1 \pm \sqrt{5} \ (x = 1 + \sqrt{5} \ 또는 \ x = 1 - \sqrt{5})$

근의 공식을 이용하여 주어진 이차 방정식의 해를 구해 봅시다.

16-1. $x^2 - 4x - 3 = 0$

(풀이)

$a = \quad , \ b = \quad , \ c =$

→ 근의 공식을 이용하여 해 구하기

해 : _____

16-2. $x^2 - 5x + 1 = 0$

(풀이)

$a = \quad , \ b = \quad , \ c =$

→

해 : _____

16-3. $x^2 - 8x + 5 = 0$

(풀이)

$a = \quad , \ b = \quad , \ c =$

→

해 : _____

16-4. $5x^2 - x - 4 = 0$

(풀이)

$a = \quad , \ b = \quad , \ c =$

→

해 : _____

16-5. $3x^2 + 8x - 5 = 0$

(풀이)

$a = \quad , \ b = \quad , \ c =$

→

해 : _____

쉬어가는 이야기
마방진에 대하여

마방진은 한자로는 '魔方陣'이라고 표기합니다. 여기서 '방'자는 사각형을 의미하고, '진'자는 줄을 지어 늘어선다는 뜻입니다. 곧 정사각형에 1부터 차례로 숫자를 적되, 숫자를 중복하거나 빠뜨리지 않고, 가로, 세로, 대각선에 있는 수들의 합이 모두 같도록 숫자를 배열하는 것을 말합니다.

이 마방진은 아주 오랜 옛날부터 신기하게 여겼으며, 마방진에 어떤 신비로운 힘이 있다고 생각했습니다.

지금으로부터 약 4,000년 전 중국 하나라 우왕 때 사람들은 황하의 범람을 막기 위한 공사를 하고 있었습니다. 그러던 중 강 한복판에서 등껍질에 이상한 무늬가 새겨져 있는 거북이가 나타났다고 합니다. 사람들은 이 무늬를 여러 가지로 궁리하다 숫자로 나타내었고 가로, 세로, 대각선의 합이 모두 15로 같다는 놀라운 사실을 알게 되었습니다. 사람들은 이때부터 숫자들이 사각형 모양으로 진을 치고 놓여 있다고 하여 '방진'이라고 불렀으며 새로운 마방진을 만들어 내는 놀이가 유행하였습니다.

이후 여러 형태의 마방진이 생겼고 지금까지도 다양한 마방진 놀이를 하거나 마방진의 형태를 토대로 만든 숫자 퍼즐인 스도쿠와 같은 변형된 놀이를 하기도 합니다.

판별식($D = b^2 - 4ac$) 이용하여 근의 개수 구하기!
$D > 0$: 근 2개
$D = 0$: 근 1개
$D < 0$: 근 0개

대표 문제 17 이차 방정식 $x^2 + x - 1 = 0$의 근의 개수를 구하세요.

$x^2 + x - 1 = 0 \;\rightarrow\; a = 1, b = 1, c = -1$
$D = 1^2 - 4 \times 1 \times (-1)$
$\quad = 1 + 4 = 5 > 0$
$\therefore$ 근 2개

판별식을 이용하여 주어진 이차 방정식의 근의 개수를 구해 봅시다.

17-1. $x^2 + 2x + 5 = 0$
(풀이)
$a = \qquad , b = \qquad , c =$
$\rightarrow$ 판별식을 이용하여 근의 개수 구하기

정답 : _____

17-2. $x^2 - 4x + 2 = 0$
(풀이)
$a = \qquad , b = \qquad , c =$
$\rightarrow$

정답 : _____

17-3. $2x^2 + 5x - 1 = 0$
(풀이)
$a = \qquad , b = \qquad , c =$
$\rightarrow$

정답 : _____

17-4. $-x^2 - 3x + 1 = 0$
(풀이)
$a = \qquad , b = \qquad , c =$
$\rightarrow$

정답 : _____

17-5. $3x^2 - 2x + 1 = 0$
(풀이)
$a = \qquad , b = \qquad , c =$
$\rightarrow$

정답 : _____

17-6. $-4x^2 - 4x - 1 = 0$
(풀이)
$a = \qquad , b = \qquad , c =$
$\rightarrow$

정답 : _____

판별식($D = b^2 - 4ac$) 이용하여 근의 조건을 구하기!
$D > 0$: 서로 다른 두 근
$D = 0$: 중근
$D < 0$: 근이 없다.

대표 문제 18 이차 방정식 $x^2 + 3x + \alpha = 0$이 다음과 같은 근을 가질 때, 상수 α의 값 또는 범위를 구하세요.

(1) 서로 다른 두 근

(2) 중근

(3) 근이 없음

$x^2 + 3x + \alpha = 0 \rightarrow a = 1, b = 3, c = \alpha$
$D = 3^2 - 4 \times 1 \times \alpha = 9 - 4\alpha$
(1) 서로 다른 두 근 : $D > 0$
$D = 9 - 4\alpha > 0 \rightarrow 9 > 4\alpha$
$\therefore \alpha < \dfrac{9}{4}$
(2) 중근 : $D = 0$
$D = 9 - 4\alpha = 0 \rightarrow 9 = 4\alpha$
$\therefore \alpha = \dfrac{9}{4}$
(3) 근이 없음 : $D < 0$
$D = 9 - 4\alpha < 0 \rightarrow 9 < 4\alpha$
$\therefore \alpha > \dfrac{9}{4}$

주어진 이차 방정식의 근을 판별하여 상수 α의 값 또는 범위를 구해 봅시다.

18-1. $x^2 + 6x + \alpha = 0$ [서로 다른 두 근]
(풀이)
$a =$, $b =$, $c =$
→ 판별식을 이용하여 상수 α값 또는 범위 구하기

정답 : _____

18-2. $2x^2 + x + \alpha - 1 = 0$ [중근]
(풀이)
$a =$, $b =$, $c =$
→

정답 : _____

18-3. $-x^2 + 3x + 2\alpha = 0$ [근이 없음]
(풀이)
$a =$, $b =$, $c =$
→

정답 : _____

18-4. $x^2 + 2x + \alpha + 1 = 0$ [서로 다른 두 근]
(풀이)
$a =$, $b =$, $c =$
→

정답 : _____

18-5. $-\alpha x^2 + 4x + 3 = 0$ [중근]
(풀이)
$a =$, $b =$, $c =$
→

정답 : _____

18-6. $(\alpha + 2)x^2 + 6x + 4 = 0$ [근이 없음]
(풀이)
$a =$, $b =$, $c =$
→

정답 : _____

근과 계수와의 관계!
$ax^2+bx+c=0$에서 두 근을 α, β라 할 때,
두 근의 합 : $\alpha+\beta=-\dfrac{b}{a}$, 두 근의 곱 : $\alpha\beta=\dfrac{c}{a}$

대표 문제 19 이차 방정식 $x^2-x+1=0$의 두 근을
α, β라 할 때, $\alpha+\beta$와 $\alpha\beta$를 구하세요.

$x^2-x+1=0 \rightarrow a=1, b=-1, c=1$
$\alpha+\beta=-\dfrac{-1}{1}=1$
$\alpha\beta=\dfrac{1}{1}=1$

근과 계수와의 관계를 이용하여 주어진 이차 방정식의
$\alpha+\beta$와 $\alpha\beta$를 구해 봅시다.

19-1. $x^2-2x+2=0$
(풀이)
$a=$　　, $b=$　　, $c=$

$\alpha+\beta=$

$\alpha\beta=$

19-2. $x^2+4x+1=0$
(풀이)
$a=$　　, $b=$　　, $c=$

$\alpha+\beta=$

$\alpha\beta=$

19-3. $x^2+5x+2=0$
(풀이)
$a=$　　, $b=$　　, $c=$

$\alpha+\beta=$

$\alpha\beta=$

19-4. $-3x^2+4x+2=0$
(풀이)
$a=$　　, $b=$　　, $c=$

$\alpha+\beta=$

$\alpha\beta=$

19-5. $2x^2-5x-3=0$
(풀이)
$a=$　　, $b=$　　, $c=$

$\alpha+\beta=$

$\alpha\beta=$

19-6. $-5x^2+3x+10=0$
(풀이)
$a=$　　, $b=$　　, $c=$

$\alpha+\beta=$

$\alpha\beta=$

대표 문제 20 두 근이 $1, -1$이고 x^2의 계수가 1인 이차 방정식의 꼴로 표현하세요.

방법 1) 두 근이 $1, -1 : a(x-1)(x+1)=0 \rightarrow ax^2-a=0$
$\qquad x^2$의 계수 $1 : a=1$
$\therefore \ x^2-1=0$
방법 2) 근과 계수와 관계 이용
두 근 $1, -1$이고 x^2의 계수가 $1 : x^2+ax+b=0$
두 근의 합 : $1+(-1)=0=\alpha+\beta=-\dfrac{a}{1}=-a \quad \therefore \ a=0$
두 근의 곱 : $1\times(-1)=-1=\alpha\beta=\dfrac{b}{1}=b \quad \therefore \ b=-1$
$\therefore \ x^2-1=0$

두 근이 다음과 같을 때, x^2의 계수가 1인 이차 방정식의 꼴을 두 가지 방법으로 표현해 봅시다.

20-1. 두 근 : $-2, 1$
(방법 1) 인수분해를 이용하여 표현하기
두 근 $-2, 1$:

x^2의 계수가 1 :

$\therefore$

(방법 2) 근과 계수와의 관계를 이용하여 표현하기
두 근의 합 :

두 근의 곱 :

$\therefore$

20-2. 두 근 : $1, 2$
(방법 1)
두 근 $1, 2$:

x^2의 계수가 1 :

$\therefore$

(방법 2)
두 근의 합 :

두 근의 곱 :

$\therefore$

20-3. 두 근 : $0, 5$
(방법 1)
두 근 $0, 5$:

x^2의 계수가 1 :

$\therefore$

(방법 2)
두 근의 합 :

두 근의 곱 :

$\therefore$

20-4. 두 근 : $\dfrac{2}{3}, \dfrac{4}{3}$
(방법 1)
두 근 $\dfrac{2}{3}, \dfrac{4}{3}$:

x^2의 계수가 1 :

$\therefore$

(방법 2)
두 근의 합 :

두 근의 곱 :

$\therefore$

20-5. 두 근 : $1+\sqrt{2}, 1-\sqrt{2}$
(방법 1)
두 근 $1+\sqrt{2}, 1-\sqrt{2}$:

x^2의 계수가 1 :

$\therefore$

(방법 2)
두 근의 합 :

두 근의 곱 :

$\therefore$

부등식의 표현과 일차부등식

개념해설

부등식의 표현 첫 번째 : 어떤 수 x는
1) a 초과(또는 a보다 크다) → $x > a$
2) a 미만(또는 a보다 작다) → $x < a$
3) a 이상(또는 a보다 크거나 같다) → $x \geq a$
4) a 이하(또는 a보다 작거나 같다) → $x \leq a$

대표 문제 1 '어떤 수 x는 2 초과이다.(2보다 크다)'를 부등식으로 나타내고 수직선에 영역을 표시하세요.

부등식 표현 : $x > 2$

부등식으로 나타내고 수직선에 영역을 표시해 봅시다.

01-1. 어떤 수 x는 1 미만이다.(1보다 작다)

식 표현 → 부등식으로 나타내기

아래 수직선에 영역을 표시하기

01-2. 어떤 수 x는 2 이상이다.(2보다 크거나 같다)

식 표현 →

01-3. 어떤 수 x는 4 이하이다.(4보다 작거나 같다)

식 표현 →

01-4. 어떤 수 x는 -2 초과이다.(-2보다 크다)

식 표현 →

01-5. 어떤 수 x는 $\dfrac{1}{2}$ 이하이다.($\dfrac{1}{2}$보다 작거나 같다)

식 표현 →

01-6. 어떤 수 x는 0 이상이다.(0보다 크거나 같다)

식 표현 →

부등식의 표현 두 번째 : 이고(and), 또는(or)
예) a 초과이고 b 미만이다.(a보다 크고 b보다 작다)
→ $a < x < b$
예) a 미만 또는 b보다 크다.(a보다 작거나 b보다 크다)
→ $x < a$, $x > b$

대표 문제 2 '어떤 수 x는 1 초과이고 2 미만이다.
(1보다 크고 2보다 작다)'를 부등식으로 나타내고
수직선에 영역을 표시하세요.

부등식 표현 : $1 < x < 2$

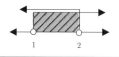

1 ⎯⎯ 2

부등식으로 나타내고 수직선에 영역을 표시해 봅시다.

02-1. 어떤 수 x는 2 초과 또는 1 미만이다.
　　　　(2보다 크거나 또는 1보다 작다)
식 표현 → 부등식으로 나타내기

아래 수직선에 영역을 표시하기

←⎯⎯⎯⎯⎯⎯→

02-2. 어떤 수 x는 0 이상이고 1 미만이다.
　　　　(0보다 크거나 같고 1보다 작다)
식 표현 →

←⎯⎯⎯⎯⎯⎯→

02-3. 어떤 수 x는 -1 이하 또는 1 이상이다.
　　　　(-1보다 작거나 같고 또는 1보다 크거나 같다)
식 표현 →

←⎯⎯⎯⎯⎯⎯→

02-4. 어떤 수 x는 0 미만 또는 3 이상이다.
　　　　(0보다 작거나 또는 3보다 크거나 같다)
식 표현 →

←⎯⎯⎯⎯⎯⎯→

02-5. 어떤 수 x는 -2 이상이고 1 이하이다.
　　　　(-2보다 크거나 같고 1보다 작거나 같다)
식 표현 →

←⎯⎯⎯⎯⎯⎯→

02-6. 어떤 수 x는 2 초과 또는 -1 이하이다.
　　　　(2보다 크거나 또는 -1보다 작거나 같다)
식 표현 →

←⎯⎯⎯⎯⎯⎯→

부등식 연산 첫 번째!
덧셈, 뺄셈을 이항하거나 또는 연산 법칙에 따라 양변을
더하거나 빼도 부등호의 방향은 변하지 않음.

대표 문제 3 일차 부등식 $x+1>0$의 해를 구하세요.

$x+1>0$
$\rightarrow x>-1$ ↦ $+1$을 우변으로 이항하기

주어진 일차 부등식의 해를 구하세요.

03-1. $x-1<0$
(풀이)
준 식 $\rightarrow$ -1을 우변으로 이항하기

부등식의 해 : ＿＿＿＿＿＿＿
아래 수직선에 영역을 표시하기

03-2. $x+3\geq0$
(풀이)
준 식 $\rightarrow$

부등식의 해 : ＿＿＿＿＿＿＿

03-3. $x-3\leq0$
(풀이)
준 식 $\rightarrow$

부등식의 해 : ＿＿＿＿＿＿＿

03-4. $x+4>0$
(풀이)
준 식 $\rightarrow$

부등식의 해 : ＿＿＿＿＿＿＿

03-5. $x+5\leq0$
(풀이)
준 식 $\rightarrow$

부등식의 해 : ＿＿＿＿＿＿＿

03-6. $x-\dfrac{1}{2}>0$
(풀이)
준 식 $\rightarrow$

부등식의 해 : ＿＿＿＿＿＿＿

부등식 연산 두 번째!
양수로 이뤄진 수에 대해 곱셈 나눗셈을 이항하거나
또는 연산 법칙에 따라 양변을 곱하거나 나누어도
부등호의 방향은 변하지 않음.
＊ 단, 음수인 경우는 부등호 방향이 바뀜.

대표 문제 4 일차 부등식 $-2x+1<0$의 해를 구하세요.

$-2x+1<0$
$\to -2x<-1$ $\mapsto +1$를 우변으로 이항하기
$\therefore x>\dfrac{1}{2}$ $\mapsto$ 양변$\times\left(-\dfrac{1}{2}\right)$

주어진 일차 부등식의 해를 구하세요.

04-1. $-x-1>0$
(풀이)
준 식 → -1을 우변으로 이항 후 양변$\times(-1)$

부등식의 해 : ＿＿＿＿＿＿＿
아래 수직선에 영역을 표시하기

04-2. $2x+3\geq0$
(풀이)
준 식 →

부등식의 해 : ＿＿＿＿＿＿＿

04-3. $-3x+6\leq0$
(풀이)
준 식 →

부등식의 해 : ＿＿＿＿＿＿＿

04-4. $2x-4<0$
(풀이)
준 식 →

부등식의 해 : ＿＿＿＿＿＿＿

04-5. $-\dfrac{1}{2}x+3<0$
(풀이)
준 식 →

부등식의 해 : ＿＿＿＿＿＿＿

04-6. $\dfrac{2}{3}x+4\geq0$
(풀이)
준 식 →

부등식의 해 : ＿＿＿＿＿＿＿

대표 문제 5 일차 부등식 $ax+2<0$의 해가 $x<-1$ 일 때, 상수 a의 값을 구하세요.

$ax+2<0$
→ $ax<-2$ ↦ +2를 우변으로 이항하기
주어진 해($x<-1$)와 부등호 방향이 같으므로 a는 양수!
$x<-\dfrac{2}{a}$ → $-1=-\dfrac{2}{a}$
∴ $a=2$

다음 상수 a의 값을 구해 봅시다.

05-1. $ax-4>0$,   해 : $x>2$
(풀이)
→ -4를 우변으로 이항하기

→ 주어진 해와 부등호 방향을 확인하기

* 부등호 방향이 같으면 는 양수, 다르면 음수!

정답 : _____

05-2. $ax-6>0$,   해 : $x>3$
(풀이)
→

정답 : _____

05-3. $ax-2<0$,   해 : $x>-4$
(풀이)
→

정답 : _____

05-4. $ax-1<0$,   해 : $x>-3$
(풀이)
→

정답 : _____

05-5. $-ax-1>0$,   해 : $x>1$
(풀이)
→

정답 : _____

05-6. $-ax-3\leq0$,   해 : $x\geq-6$
(풀이)
→

정답 : _____

쉬어가는 이야기
실생활 속 부등식

실생활에서 부등식은 어떻게 쓰일까요?
쉬운 예를 들어보겠습니다. 운전을 하다보면 제한 속도를 알리는 교통표지판을 보게 됩니다.

이 표지판의 뜻은 시속 $50km$로 달리는 것이 아 니라 시속 $50km$까지 제한한다는 뜻입니다.
또 다른 예는 무엇이 있을까요?
여러분이 한 번 찾아보세요. 주위를 둘러보면 부 등식이 쓰인 곳을 쉽게 찾을 수 있을 것입니다.

연 립 부 등 식

대표 문제 6 연립 부등식 $\begin{cases} x+1>0 \\ x-3<0 \end{cases}$ 해를 구하세요.

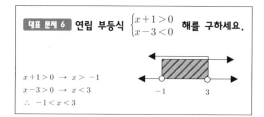

$x+1>0 \rightarrow x>-1$
$x-3>0 \rightarrow x<3$
$\therefore -1<x<3$

다음 연립 부등식의 해를 구해 봅시다.

○6-1. $\begin{cases} x-1<0 \\ x+2>0 \end{cases}$

(풀이)

$x-1<0 \rightarrow x-1<0$ 해 구하기

$x+2>0 \rightarrow x+2>0$ 해 구하기

정답 : _____ ←――――→

○6-2. $\begin{cases} x-1>0 \\ -x+3>0 \end{cases}$

(풀이)

$x-1>0 \rightarrow$

$-x+3>0 \rightarrow$

정답 : _____ ←――――→

○6-3. $\begin{cases} x+2\geq 0 \\ x-3\leq 0 \end{cases}$

(풀이)

$x+2\geq 0 \rightarrow$

$x-3\leq 0 \rightarrow$

정답 : _____ ←――――→

○6-4. $\begin{cases} 2x-1\leq 0 \\ x+3>0 \end{cases}$

(풀이)

$2x-1\leq 0 \rightarrow$

$x+3>0 \rightarrow$

정답 : _____ ←――――→

○6-5. $\begin{cases} 2x-1\leq 0 \\ 2x+1\geq 0 \end{cases}$

(풀이)

$2x-1\leq 0 \rightarrow$

$2x+1\geq 0 \rightarrow$

정답 : _____ ←――――→

○6-6. $\begin{cases} x-1\geq 0 \\ -x+4\geq 0 \end{cases}$

(풀이)

$x-1\geq 0 \rightarrow$

$-x+4\geq 0 \rightarrow$

정답 : _____ ←――――→

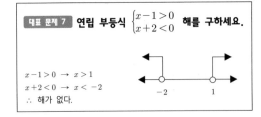

대표 문제 7 연립 부등식 $\begin{cases} x-1>0 \\ x+2<0 \end{cases}$ 해를 구하세요.

$x-1>0 \;\rightarrow\; x>1$
$x+2<0 \;\rightarrow\; x<-2$
∴ 해가 없다.

다음 연립 부등식의 해를 구해 봅시다.

07-1. $\begin{cases} x+1>0 \\ x+2<0 \end{cases}$

(풀이)
$x+1>0 \;\rightarrow\; x+1>0$ 해 구하기

$x+2<0 \;\rightarrow\; x+2<0$ 해 구하기

정답 : _____

07-2. $\begin{cases} x-2<0 \\ 3-x<0 \end{cases}$

(풀이)
$x-2<0 \;\rightarrow\;$

$3-x<0 \;\rightarrow\;$

정답 : _____

07-3. $\begin{cases} x-2>0 \\ 2-x>0 \end{cases}$

(풀이)
$x-2>0 \;\rightarrow\;$

$2-x>0 \;\rightarrow\;$

정답 : _____

07-4. $\begin{cases} x+3\leq 0 \\ 2x+3>0 \end{cases}$

(풀이)
$x+3\leq 0 \;\rightarrow\;$

$2x+3>0 \;\rightarrow\;$

정답 : _____

07-5. $\begin{cases} 2x+3<0 \\ -x+5\leq 0 \end{cases}$

(풀이)
$2x+3<0 \;\rightarrow\;$

$-x+5\leq 0 \;\rightarrow\;$

정답 : _____

07-6. $\begin{cases} 2x-3\geq 0 \\ 3x+2\leq 0 \end{cases}$

(풀이)
$2x-3\geq 0 \;\rightarrow\;$

$3x+2\leq 0 \;\rightarrow\;$

정답 : _____

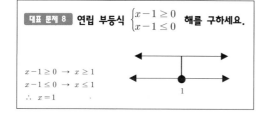

대표 문제 8 연립 부등식 $\begin{cases} x-1 \geq 0 \\ x-1 \leq 0 \end{cases}$ 해를 구하세요.

$x-1 \geq 0 \ \rightarrow \ x \geq 1$
$x-1 \leq 0 \ \rightarrow \ x \leq 1$
$\therefore \ x = 1$

다음 연립 부등식의 해를 구해 봅시다.

08-1. $\begin{cases} x+1 \geq 0 \\ x+1 \leq 0 \end{cases}$

(풀이)

$x+1 \geq 0 \ \rightarrow \ x+1 \geq 0$ 해 구하기

$x+1 \leq 0 \ \rightarrow \ x+1 \leq 0$ 해 구하기

정답 : _____

08-2. $\begin{cases} x-2 \leq 0 \\ x-2 \geq 0 \end{cases}$

(풀이)

$x-2 \leq 0 \ \rightarrow$

$x-2 \geq 0 \ \rightarrow$

정답 : _____

08-3. $\begin{cases} 2x-4 \leq 0 \\ x-2 \geq 0 \end{cases}$

(풀이)

$2x-4 \leq 0 \ \rightarrow$

$x-2 \geq 0 \ \rightarrow$

정답 : _____

08-4. $\begin{cases} x-3 \leq 0 \\ 3-x \leq 0 \end{cases}$

(풀이)

$x-3 \leq 0 \ \rightarrow$

$3-x \leq 0 \ \rightarrow$

정답 : _____

08-5. $\begin{cases} 2x+1 \geq 0 \\ \dfrac{1}{2}+x \leq 0 \end{cases}$

(풀이)

$2x+1 \geq 0 \ \rightarrow$

$\dfrac{1}{2}+x \leq 0 \ \rightarrow$

정답 : _____

08-6. $\begin{cases} 2x-4 \leq 0 \\ 6-3x \leq 0 \end{cases}$

(풀이)

$2x-4 \leq 0 \ \rightarrow$

$6-3x \leq 0 \ \rightarrow$

정답 : _____

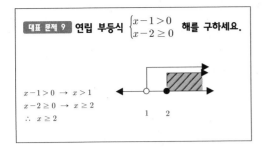

대표 문제 9 연립 부등식 $\begin{cases} x-1>0 \\ x-2\geq 0 \end{cases}$ 해를 구하세요.

$x-1>0 \rightarrow x>1$
$x-2\geq 0 \rightarrow x\geq 2$
$\therefore\ x\geq 2$

다음 연립 부등식의 해를 구해 봅시다.

O9-1. $\begin{cases} x-1\leq 0 \\ x+2<0 \end{cases}$

(풀이)

$x-1\leq 0 \rightarrow x-1\leq 0$ 해 구하기

$x+2<0 \rightarrow x+2<0$ 해 구하기

정답 : _____

O9-2. $\begin{cases} x+2\geq 0 \\ 3-x\leq 0 \end{cases}$

(풀이)

$x+2\geq 0 \rightarrow$

$3-x\leq 0 \rightarrow$

정답 : _____

O9-3. $\begin{cases} x-2\geq 0 \\ 1-x<0 \end{cases}$

(풀이)

$x-2\geq 0 \rightarrow$

$1-x<0 \rightarrow$

정답 : _____

O9-4. $\begin{cases} 2x+1<0 \\ x\leq 0 \end{cases}$

(풀이)

$2x+1<0 \rightarrow$

$x\leq 0 \rightarrow$

정답 : _____

O9-5. $\begin{cases} 2x-3>0 \\ -x+4\leq 0 \end{cases}$

(풀이)

$2x-3>0 \rightarrow$

$-x+4\leq 0 \rightarrow$

정답 : _____

O9-6. $\begin{cases} 2x-3>0 \\ 3-2x\leq 0 \end{cases}$

(풀이)

$2x-3>0 \rightarrow$

$3-2x\leq 0 \rightarrow$

정답 : _____

연립 부등식 $\begin{cases} 2x-1>2a \\ 2x+3<b \end{cases}$ **해가**

$-\dfrac{1}{2}<x<1$ **일 때, 상수** a,b**의 값을 구하세요.**

$2x-1>2a \;\rightarrow\; x>\dfrac{2a+1}{2}$

$2x+3<b \;\rightarrow\; x<\dfrac{b-3}{2}$

$\therefore\ \dfrac{2a+1}{2}<x<\dfrac{b-3}{2}$

그런데 해가 $-\dfrac{1}{2}<x<1$ 이므로 $\dfrac{2a+1}{2}=-\dfrac{1}{2}$, $\dfrac{b-3}{2}=1$ 입니다.

$\therefore\ a=-1,\ b=5$

상수 a,b**의 값을 구해 봅시다.**

10-1. $\begin{cases} 2x-a\geq 0 \\ x+1\leq 2b \end{cases}$ 해 : $1\leq x\leq 3$

(풀이)

$2x-a\geq 0 \;\rightarrow\; 2x-a\geq 0$ 해 구하기

$x+1\leq 2b \;\rightarrow\; x+1\leq 2b$ 해 구하기

$\therefore\ x$의 범위 구한 후 주어진 해와 비교하기

정답 : _____

10-2. $\begin{cases} x+1\leq a \\ 2x+2<3x-b \end{cases}$ 해 : $0<x\leq 3$

(풀이)

$x+1\leq a \;\rightarrow$

$2x+2<3x-b \;\rightarrow$

정답 : _____

10-3. $\begin{cases} x+a\leq 1 \\ x-1<2x+b \end{cases}$ 해 : $-1<x\leq 2$

(풀이)

$x+a\leq 1 \;\rightarrow$

$x-1<2x+b \;\rightarrow$

정답 : _____

10-4. $\begin{cases} 3x+a\leq 1 \\ x-2<3x-b \end{cases}$ 해 : $1<x\leq 2$

(풀이)

$3x+a\leq 1 \;\rightarrow$

$x-2<3x-b \;\rightarrow$

정답 : _____

10-5. $\begin{cases} 2x-a<1 \\ 4x-1>3x+b \end{cases}$ 해 : $0<x<3$

(풀이)

$2x-a<1 \;\rightarrow$

$4x-1>3x+b \;\rightarrow$

정답 : _____

연립 부등식 $\begin{cases} x < 2 \\ x > a \end{cases}$ 해가 없을 때,

상수 a의 값의 범위를 구하세요.

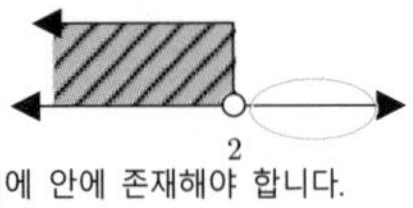

$x < 2$의 범위를 수직선에 표시하면
오른쪽 그림과 같습니다.
해가 없으려면 a는 파랑색 동그라미에 안에 존재해야 합니다.
따라서 $a > 2$입니다.
그리고 $a = 2$를 포함해도 됩니다.

($\because$ $a = 2$일 때, $\begin{cases} x < 2 \\ x > 2 \end{cases}$ 이므로 해가 존재하지 않음.)

$\therefore$ $a \geq 2$

주어진 연립 부등식의 해가 존재하지 않을 때, 상수 a값의 범위를 구해 봅시다.

11-1. $\begin{cases} x < 0 \\ x > a \end{cases}$

(풀이)

$x < 0$의 범위를 수직선에 표시하기

해가 존재하지 않기 위한 a의 범위를 수직선에 표시

정답 : _____

11-2. $\begin{cases} x < 1 \\ x > a \end{cases}$

(풀이)

정답 : _____

11-3. $\begin{cases} x > 1-a \\ x \leq 1 \end{cases}$

(풀이)

정답 : _____

11-4. $\begin{cases} x \leq 3-a \\ x > 1 \end{cases}$

(풀이)

정답 : _____

11-5. $\begin{cases} 2x \geq 1-a \\ x \leq 2 \end{cases}$

(풀이)

정답 : _____

 **연립 부등식** $\begin{cases} 2x < 5x+8 \\ 2-x \ge a \end{cases}$ 을 만족하는 정수 x의 개수가 4개일 때, 상수 a값의 범위를 구하세요.

$2x < 5x+8 \;\to\; x > -\dfrac{8}{3}$

$2-x \ge a \;\to\; x \le 2-a$

만족하는 정수 x의 개수가 4개($-2,-1,0,1$ 그림 참조)

이를 모두 포함해야 하므로 $1 \le 2-a < 2$입니다.

$\therefore\; 0 < a \le 1$

주어진 연립 부등식을 만족하는 정수 x값의 개수가 '[ ]' 개일 때, 상수 a값의 범위를 구해 봅시다.

12-1. $\begin{cases} x < 4 \\ x \ge a \end{cases}$ [3]

(풀이)

$x < 4$의 범위를 수직선에 표시하기

정수 x값의 개수가 3개를 모두 포함하기 위한 a영역 수직선에 표시하기

정답 : _____

12-2. $\begin{cases} 1-x \le 2 \\ x < a \end{cases}$ [2]

(풀이)

정답 : _____

12-3. $\begin{cases} 2x+1 < x+3 \\ 1-x \le a \end{cases}$ [3]

(풀이)

정답 : _____

12-4. $\begin{cases} 2x+1 < x+3 \\ 3x-1 > x+a \end{cases}$ [4]

(풀이)

정답 : _____

12-5. $\begin{cases} 3x-1 > x+5 \\ 4x-2 \le 2x+a \end{cases}$ [2]

(풀이)

정답 : _____

부등호의 탄생 배경과 역사

지금 우리가 사용하고 있는 부등호는 언제부터 사용되어졌을까요?

15~17세기 초 유럽에서는 대수학을 기호화하고자 하는 분위기가 수학자들 사이에 파고들었습니다. 그 당시 대수학을 공부하거나 연구할 때, 꼭 기호를 사용해야 한다는 억압 아닌 억압을 하게 된 분위기였습니다.
덕분에 이 시기에 대수학에 관련된 많은 기호들이 탄생합니다. 그중 하나가 부등호입니다.

우리가 지금 사용하고 있는 부등호 '$<$, $>$'는 1631년 영국의 최초 대수학자인 해리엇에 의해 처음 사용되어졌다고 전해지고 있습니다. 이후 1734년에는 프랑스 지구물리학자 부게르가 '$\leq$, $\geq$'의 기호를 처음으로 사용했습니다. 이 기호를 통해 부등식을 표현하게 되었고 많은 학자들이 부등식에 관련된 연구를 하게 됩니다.

부등식은 제 2차 세계대전 이후 실생활에 많이 쓰이게 되었다고 하는데 주로 상품을 만드는 데 있어 최소 비용으로 최대 이익을 얻기 등과 같이 전략적인 방면에서 의사결정 기법의 하나로 사용되었습니다.
현재는 학문적으로 사용되고 있지만 안전 표지판, 놀이동산에서 놀이기구의 연령 제한과 몸무게 키 제한 등과 같이 실생활에서도 매우 널리 사용되어지고 있습니다.

III

함수와 규칙

'함수'하면 무엇이 떠오를까요?

가장 먼저 떠오르는 것은 $f(x)$입니다. 간혹 대응을 떠오르기도 합니다.

사람들에게 '함수란 무엇일까요?'라고 질문하면 '함수는 $f(x)$이다. 대응이다.'라고 답을 하고 스스로 답이 아니라고 생각하면서 무안해하는 적지 않은 사람들을 발견하게 됩니다.

그런데 사실 이 두 가지로 우리는 함수를 안다고 할 수 있습니다. $f(x)$는 x에 따라 변하는 함숫값이면서 x에 대한 y에 대응이라는 의미를 모두 갖고 있기 때문입니다.

함수를 여러 형태로 표현할 수 있겠지만 그중 많이 쓰이는 정의를 간단히 정리하면 아래와 같이 나타낼 수 있습니다.

함수의 정의 : 정의역 X에 따라 치역 Y에 대응(또는 변함)

정의를 보면 정말 간단해 보이죠?

그런데 많은 사람들에게 "가장 어려운 학문이 무엇일까요?"라고 물으면 대부분 사람들이 수학이라 답하고 "수학에서 가장 어려운 단원은 무엇일까요?"라고 물으면 함수라고 답을 합니다.

함수가 어려운 이유는 무엇일까요?

여러 이유가 있겠지만 그중 하나는 미지수가 2개로 이뤄져 있으며 기호가 익숙하지 않기 때문입니다. 그리고 변화의 규칙을 발견하는 데 있어 어려움을 겪게 되기 때문입니다. 이로 인해 사람들은 함수에 쉽게 다가가지 못합니다.

함수가 어려움에도 불구하고 함수를 배우는 이유는 무엇일까요?

함수는 변화에 대한 규칙이 있습니다. 즉, 함수를 배우게 되면 이 변화와 규칙을 발견하게 되고 이에 대응하는 값을 찾게 되어 나아가 앞으로 어떤 상황이 벌어질지 미리 짐작하게 됩니다. 다시 말하면 함수를 이용하여 미래도 예측할 수 있습니다.

미래에 대해 예측을 한다는 사실은 엄청나게 중요합니다.

만약 미래를 예측하게 되면 우리는 예측을 할 수 없는 사람들보다 미래에 대한 준비를 조금 더 빨리 할 수 있게 됩니다. 그리고 이는 나중에 엄청난 차이를 만들게 됩니다.

우리에게는 해결해야 할 문제들이 기다리고 있습니다. 문제가 나타나면 그때그때 해결하면 좋겠지만 '병은 치료보다 중요한 것은 예방'이라고 하였습니다. 이처럼 앞으로 부딪힐 문제들을 미리 예측하고 준비하는 것이 중요합니다. 따라서 우리는 함수를 통해 이러한 능력을 키울 수 있어야 합니다. 이것이 바로 우리가 함수를 배우는 가장 큰 이유입니다.

05 함수

좌표평면과 일차 함수

1) 좌표평면
* 좌표 읽는 법 : x의 좌표를 먼저 읽고 이에 대응하는 y의 좌표를 읽습니다.
* 좌표 표기 법 : 좌표를 표기하는 방법은 순서쌍 (a , b)으로 표기하며 a는 x좌표 값이고 b는 y좌표 값입니다.

2) 사분면

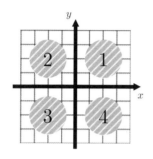

3) 일차 함수
* 일차 함수의 꼴 : $y = ax + b$, $a \neq 0$ (a : 기울기, b : y절편)

* 기울기 : 기울어진 정도를 수치로 나타낸 것을 말합니다.
$$기울기 = \frac{y의 증가량}{x의 증가량}$$
y절편 : y축 위에 만나는 점
x절편 : x축 위에 만나는 점

* 일차 함수 그래프 그리는 방법과 식 표현하기!
① 기울기와 y절편을 이용
② 기울기와 x절편을 이용
③ x절편과 y절편을 이용

* 일차 함수 평행이동
$y = ax + b$, $(a \neq 0)$을 y축으로 β만큼 평행이동하기 $\rightarrow$ $y = ax + b + \beta$
($\because$ $y - \beta = ax + b$ $\rightarrow$ $y = ax + b + \beta$)

* 두 일차 함수의 관계
두 일차 함수 $\begin{cases} y = ax + b \\ y = a'x + b' \end{cases}$ 에 대하여

일치 : $a = a'$, $b = b'$
평행 : $a = a'$, $b \neq b'$
오직 한 점에서 만날 때 : $a \neq a'$

이차 함수

* 꼭짓점

* x축과 이차 함수의 교점 → $y = 0$과 만나는 점

* 이차 함수 그래프 그리는 방법과 식 표현하기!
① 꼭짓점과 임의의 한 점(또는 y절편)을 이용
② x절편과 임의의 한 점(또는 y절편)을 이용
참고) 이 외 그래프를 그리고 식을 표현하는 방법은 생략합니다.

* 이차 함수의 꼴$(y = ax^2 + bx + c,\ a \neq 0)$
① 완전제곱꼴
꼭짓점 좌표 (α, β)에 대하여 이차함수는 아래와 같이 표현할 수 있습니다.
$$y = a(x - \alpha)^2 + \beta,\ a \neq 0$$
② 인수분해꼴
x축과 교점을 $(\alpha, 0)$, $(\beta, 0)$에 대하여 이차함수는 아래와 같이 표현할 수 있습니다.
$$y = a(x - \alpha)(x - \beta),\ a \neq 0$$
③ 그래프의 형태

$a > 0$ $a < 0$

* 대칭축 : 꼭짓점을 기준으로 좌우 대칭이 되도록 하는 선입니다.

* 축의 방정식 : 대칭축을 방정식으로 표현한 것을 말합니다.

예)

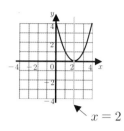

$x = 2$

* 이차 함수 평행이동

① $y = a(x-\alpha)^2 + \beta, (a \neq 0)$을 y축으로 γ만큼 평행이동하기 $\rightarrow$ $y = a(x-\alpha)^2 + \beta + \gamma$

($\because$ $y - \gamma = a(x-\alpha) + \beta$ $\rightarrow$ $y = a(x-\alpha)^2 + \beta + \gamma$)

② $y = a(x-\alpha)^2 + \beta, (a \neq 0)$을 x축으로 γ만큼 평행이동하기 $\rightarrow$ $y = a(x - \gamma - \alpha)^2 + \beta$

* 이차 함수 대칭이동

① $y = a(x-\alpha)^2 + \beta, (a \neq 0)$을 x축으로 대칭이동하기

y대신 $-y$ 대입 $\rightarrow$ $y = -a(x-\alpha)^2 - \beta$

($\because$ $-y = a(x-\alpha)^2 + \beta$ $\rightarrow$ $y = -a(x-\alpha)^2 - \beta$)

② $y = a(x-\alpha)^2 + \beta, (a \neq 0)$을 y축으로 대칭이동하기

x 대신 $-x$ 대입 $\rightarrow$ $y = a(x+\alpha)^2 - \beta$

($\because$ $y = a(-x-\alpha)^2 + \beta$ $\rightarrow$ $y = a(x+\alpha)^2 - \beta$)

* 함숫값 : x값에 대응하는 y값을 말합니다. 즉, $f(x)$의 값을 말합니다.

* 최댓값과 최솟값 : 함숫값 중 가장 큰 값을 최댓값, 가장 작은 값을 최솟값이라 말합니다. 즉, 좌표평면에 그래프를 그렸을 때, 그려진 그래프의 y값 중 제일 큰 값을 최댓값이라 하고 제일 작은 값을 최솟값이라 말합니다.

* 교점 : 두 개 또는 그 이상의 그래프가 만나는 점을 말합니다.

06 규칙

규칙

* 규칙 : 어떤 일정한 질서를 갖고 있는 것을 말합니다.

* 수학에서 규칙 찾기 : 어떤 일정한 질서를 갖고 있는 것이 무엇인지 찾는 것을 말합니다.

좌 표 평 면 과 일 차 함 수

개념해설

사분면

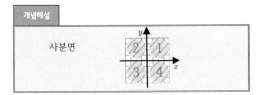

대표 문제 1 다음 좌표평면에 나타난 점의 좌표를 읽고 몇 사분면에 있는지 알아보세요.

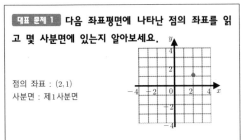

점의 좌표 : $(2, 1)$
사분면 : 제1사분면

다음 주어진 좌표평면에 나타난 점의 좌표를 읽고 몇 사분면에 있는지 알아봅시다.

01-1.

점의 좌표 :
사분면 :

01-2.

점의 좌표 :
사분면 :

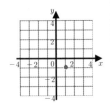

01-3.

점의 좌표 :
사분면 :

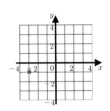

01-4.

점의 좌표 :
사분면 :

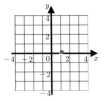

01-5.

점의 좌표 :
사분면 :

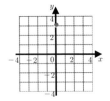

01-6.

점의 좌표 :
사분면 :

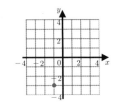

쉬어가는 이야기
데카르트

프랑스의 수학자이자 철학자인 데카르트.
'데카르트' 하면 많은 사람들이 두 가지를 기억합니다.
첫 번째, "나는 생각한다. 고로 존재한다."
두 번째, 날아다니는 파리를 통해 좌표를 생각해 내다.
그는 이 두 가지 말고도 많은 사람들이 알지 못한 정말 중요한 업적을 남겼습니다.
그것은 바로 방정식, 부등식, 함수 등에서 사용되어지고 있는 미지수 x입니다. 그는 미지수 x를 처음으로 방정식에 표현하였습니다. 미지수 x를 사용한 이유가 여러 가지가 있지만 그 중 하나는 당시 책에 문자 x가 많이 나왔기 때문이라고 합니다. 필자는 개인적으로 그 시대에 지금과 같이 프린터가 없었기 때문에 자주 사용하는 문자를 목판이나 금속판을 파 놓으면 인쇄하기가 쉬워졌기 때문이 아닐까 하는 조심스러운 생각을 해 봅니다.

일차 함수 그래프 그리는 방법!
1) 기울기와 y절편을 이용
2) 기울기와 x절편을 이용
3) x절편과 y절편 이용

대표 문제 2 일차 함수 $y=x+1$을 좌표평면 위에 나타내세요.

* 기울기와 y절편 이용하여 그리기
$y=x+1$ → 기울기 : 1, y절편 : 1

1) y절편 표시   2) 기울기 표시하기

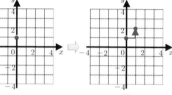

3) 그래프 그리기

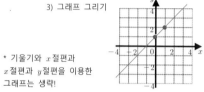

* 기울기와 x절편과
x절편과 y절편을 이용한
그래프는 생략!

다음 일차 함수를 좌표평면 위에 나타내어 봅시다.

○2**-1.** $y=x-1$

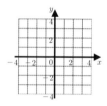

○2**-2.** $y=-x+1$

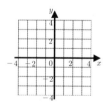

○2**-3.** $y=2x+1$

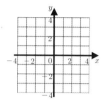

○2**-4.** $y=-2x+3$

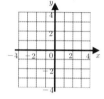

○2**-5.** $y=\dfrac{1}{2}x+1$

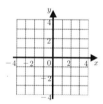

○2**-6.** $y=-\dfrac{2}{3}x+1$

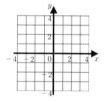

일차 함수의 꼴
$$y = ax + b, \quad (a \neq 0)$$

대표 문제 3 다음 좌표평면에 나타난 그래프를 식으로 표현하세요.

* 일차 함수 : $y = ax + b, \ (a \neq 0)$
방법 1) x절편과 y절편
y절편 : $1 \rightarrow 1 = b$
x절편 : $-1 \rightarrow (-1, 0)$ 대입
$\rightarrow 0 = a \times (-1) + 1 \rightarrow a = 1$
$\therefore \ y = x + 1$
방법 2) y절편과 기울기
y절편 : $1 \rightarrow 1 = b$
기울기 : $1 \rightarrow 1 = a$
$\therefore \ y = x + 1$
방법 3) x절편과 기울기
기울기 : $1 \rightarrow 1 = a$
x절편 : $-1 \rightarrow (-1, 0)$ 대입 $\rightarrow 0 = -1 + b \rightarrow b = 1$
$\therefore \ y = x + 1$

다음 좌표평면 그래프를 보고 일차 함수 식으로 표현해 봅시다.(단, 주어진 방법대로 풀기!)

03-1. 방법 1
(풀이)
x절편, y절편 체크

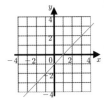

일차 함수 식 : _____

03-2. 방법 2
(풀이)
y절편, 기울기 체크

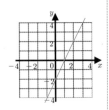

일차 함수 식 : _____

03-3. 방법 3
(풀이)
x절편, 기울기 체크

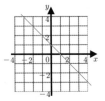

일차 함수 식 : _____

03-4. 방법 1
(풀이)

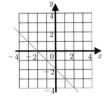

일차 함수 식 : _____

03-5. 방법 2
(풀이)

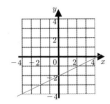

일차 함수 식 : _____

03-6. 방법 3
(풀이)

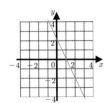

일차 함수 식 : _____

대표 문제 4 다음 주어진 조건을 이용하여 일차 함수의 꼴($y = ax + b\ (a \neq 0)$)로 표현하세요.

조건 1) x절편 : -1, y절편 : 1

조건 2) y절편 1, 기울기 1

조건 3) x절편 -1, 기울기 1

조건 1)
y절편 : $1 \rightarrow 1 = b$
x절편 : $-1 \rightarrow (-1, 0)$ 대입 $\rightarrow 0 = a \times (-1) + 1 \rightarrow a = 1$
$\therefore\ y = x + 1$
조건 2) y절편과 기울기
y절편 : $1 \rightarrow 1 = b$
기울기 : $1 \rightarrow 1 = a$
$\therefore\ y = x + 1$
조건 3) x절편과 기울기
기울기 : $1 \rightarrow 1 = a$
x절편 : $-1 \rightarrow (-1, 0)$ 대입 $\rightarrow 0 = -1 + b \rightarrow b = 1$
$\therefore\ y = x + 1$
* x절편이 아닌 임의의 한 점일 때도 동일한 방법으로 표현할 수 있습니다.

일차 함수 꼴($y = ax + b$)로 표현해 봅시다.

O4-1. x절편 : 1, y절편 : -1
(풀이)
y절편을 통해 b값 정하기

x절편에 해당하는 점을 대입하여 a의 값 정하기

일차 함수 식 : _____

O4-2. y절편 : 2, 기울기 : 1
(풀이)
y절편을 통해 b값 정하기

기울기를 통해 a의 값 정하기

일차 함수 식 : _____

O4-3. x절편 : -2, 기울기 : 1
(풀이)
기울기를 통해 a값 정하기

x절편에 해당하는 점을 대입하여 a의 값 정하기

일차 함수 식 : _____

O4-4. x절편 : 2, y절편 : -2
(풀이)

일차 함수 식 : _____

O4-5. y절편 : 2, 기울기 : -1
(풀이)

일차 함수 식 : _____

O4-6. 기울기 : 2, 임의의 한 점$(1, 1)$지남
(풀이)

일차 함수 식 : _____

일차 함수 평행이동!
$y = ax + b$, $(a \neq 0)$을 y축으로 β만큼 평행이동하기
$y = ax + b + \beta$
$(\because y - \beta = ax + b \rightarrow y = ax + b + \beta)$

대표 문제 5 다음 일차 함수 $y = f(x) = x + 1$을 y축으로 -2만큼 평행이동한 식을 구하고 좌표평면에 나타내세요.

$y = x + 1$을 y축으로 -2만큼 평행이동
$\rightarrow y = x + 1 - 2$
$\therefore y = x - 1$

다음 일차 함수를 y축으로 괄호 '[ ]'만큼 평행이동한 식을 구하고 좌표평면에 나타내어 봅시다.

05-1. $y = f(x) = -x - 1$　[1]
(풀이)
$y = -x - 1 + 1$

일차 함수 식 : _____

05-2. $y = f(x) = x - 1$　[3]
(풀이)

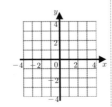

일차 함수 식 : _____

05-3. $y = f(x) = -2x + 2$　[−2]
(풀이)

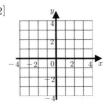

일차 함수 식 : _____

05-4. $y = f(x) = 2x + 1$　[−1]
(풀이)

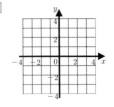

일차 함수 식 : _____

05-5. $y = f(x) = \dfrac{1}{2}x + 1$　[−2]
(풀이)

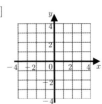

일차 함수 식 : _____

05-6. $y = f(x) = -\dfrac{1}{3}x - 2$　[4]
(풀이)

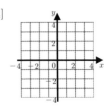

일차 함수 식 : _____

두 일차 함수 $\begin{cases} y = ax + b \\ y = a'x + b' \end{cases}$ 에 대하여

일치 : $a = a'$, $b = b'$
평행 : $a = a'$, $b \neq b'$
오직 한 점에서 만날 때 : $a \neq a'$

대표 문제 6 두 일차 함수 '$y = 2x + 1$', '$y = ax + b$'
가 서로 평행할 때, 상수 a, b의 조건을 나타내세요.

두 일차 함수가 서로 평행하는 조건은 기울기만 같으므로
∴ $a = 2$, $b \neq 1$

다음 상수 a, b의 조건을 나타내어 봅시다.

06-1. $\begin{cases} y = 3x - 1 \\ y = ax + b \end{cases}$ 평행

(풀이)
평행할 조건은 기울기만 같음

조건 : _____

06-2. $\begin{cases} y = 2x - 1 \\ y = ax + b \end{cases}$ 일치

(풀이)
일치할 조건은 모두 같음

조건 : _____

06-3. $\begin{cases} y = x + 2 \\ y = ax + b \end{cases}$ 오직 한 점

(풀이)
오직 한 점에서 만날 조건은 기울기만 다름.

조건 : _____

06-4. $\begin{cases} y = 2x + 3 \\ y = 2ax + b \end{cases}$ 평행

(풀이)

조건 : _____

06-5. $\begin{cases} y = -2x + 4 \\ y = (a-1)x + 2b \end{cases}$ 일치

(풀이)

조건 : _____

06-6. $\begin{cases} y = -x + 3 \\ y = 2ax + (b+1) \end{cases}$ 오직 한 점

(풀이)

조건 : _____

QUIZ 06   **연필을 사용한 사람은?**

세 사람(A, B, C)이 서로 다른 색깔의 집에서 살고 있습니다. 각자 개성이 달라 좋아하는 음식도 사용하는 필기도구도 다릅니다. 다음 조건을 보고 연필을 사용한 친구는 누구인지 알아봅시다.

조건)
- 빨간색 집에 사는 사람은 피자를 좋아합니다.
- 볼펜을 사용한 사람이 살고 있는 집은 치킨을 좋아하는 사람 오른쪽 집에 삽니다.
- B는 파란색 집에서 살고 있습니다.
- 색연필을 사용한 사람은 햄버거를 좋아합니다.
- 노란색 집에 사는 A는 피자를 좋아하는 사람 왼쪽 집에 삽니다.

개념해설

꼭짓점   꼭짓점 좌표 : (α, β)

$y = a(x - \alpha)^2 + \beta$

대표 문제 7 이차 함수 $y = x^2 + 2x + 3$의 꼭짓점 좌표를 나타내세요.

$y = x^2 + 2x + 3 = (x + 1)^2 + 2$
$\therefore$ 꼭짓점 좌표 : $(-1, 2)$

다음 주어진 이차 함수의 꼭짓점 좌표를 나타내어 봅시다.

07-1. $y = x^2 + 4x$
(풀이)
완전제곱꼴로 나타내어 꼭짓점 좌표 구하기

꼭짓점 좌표 : _____

07-2. $y = x^2 - 4x - 4$
(풀이)

꼭짓점 좌표 : _____

07-3. $y = x^2 - x + 1$
(풀이)

꼭짓점 좌표 : _____

07-4. $y = x^2 - 5x - 1$
(풀이)

꼭짓점 좌표 : _____

07-5. $y = 3x^2 + 6x + 4$
(풀이)

꼭짓점 좌표 : _____

07-6. $y = -\dfrac{1}{3}x^2 + 2x + 1$
(풀이)

꼭짓점 좌표 : _____

x축과 교점
→ $y=0$과 만나는 점

대표 문제 8 이차 함수 $y=x^2+3x+2$와 x축과 교점의 좌표를 구하세요.

이차 함수 $y=x^2+3x+2$와 x축과 교점 : $y=0$ 대입하기
$x^2+3x+2=0 \rightarrow (x+1)(x+2)=0$ ∴ $x=-1$, $x=-2$
x축과 교점 : $(-1,0)$, $(-2,0)$

다음 주어진 이차 함수와 x축과 교점의 좌표를 구해 봅시다.

08-1. $y=x^2-3x+2$
(풀이)
$y=0$ 대입하여 x값 구하기

교점의 좌표 : _____

08-2. $y=x^2-4x+3$
(풀이)

교점의 좌표 : _____

08-3. $y=x^2-2x+1$
(풀이)

교점의 좌표 : _____

08-4. $y=2x^2-5x-3$
(풀이)

교점의 좌표 : _____

08-5. $y=3x^2-x-2$
(풀이)

교점의 좌표 : _____

08-6. $y=3x^2-7x-6$
(풀이)

교점의 좌표 : _____

이차 함수의 꼴(꼭짓점) : $y = a(x-\alpha)^2 + \beta$, $a \neq 0$

$a > 0$ ⌣ $a < 0$ ⌢

대표 문제 9 이차 함수 $y = (x-1)^2 + 1$의 **좌표평면 위에 나타내세요.**

$y = (x-1)^2 + 1 \rightarrow$ 꼭짓점 좌표 : $(1, 1)$, y절편 : 2

1) 꼭짓점 좌표 표시하기   2) y절편 표시하기

3) 꼭짓점 기준으로 좌우 대칭이 되도록 그리기

* 꼭짓점 좌표가 y축 위에 있을 때, 임의의 한 점을 찾아 표시하여 그래프를 그립니다.

다음 일차 함수를 좌표평면 위에 나타내어 봅시다.

09-1. $y = (x+1)^2$

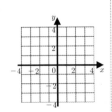

09-2. $y = x^2 - 1$

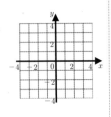

09-3. $y = -(x-1)^2$

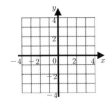

09-4. $y = -x^2 + 1$

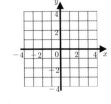

09-5. $y = 2x^2 + 1$

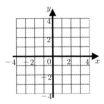

09-6. $y = \dfrac{1}{2}x^2 + 1$

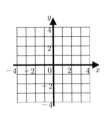

이차 함수의 꼴(x축 교점) : $y = a(x-\alpha)(x-\beta), a \neq 0$

| $a > 0$ | $a < 0$ |

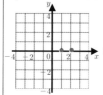

대표 문제 10 이차 함수 $y = (x-1)(x-2)$의 좌표 평면 위에 나타내세요.

$y = (x-1)(x-2)$
→ x축과 교점 : $(1,0),(2,0)$, 임의의 한 점 : $(0,2)$
1) x축과 교점 표시하기   2) 임의의 한 점 표시하기

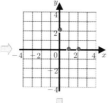

3) 그래프 그리기

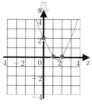

다음 일차 함수를 좌표평면 위에 나타내어 봅시다.

10-1. $y = (x+1)(x-2)$

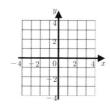

10-2. $y = (x-1)(x+1)$

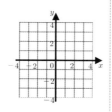

10-3. $y = x(x+2)$

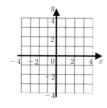

10-4. $y = -(x-2)(x+2)$

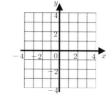

10-5. $y = 2(x-1)(x-2)$

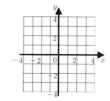

10-6. $y = \dfrac{1}{2}(x+1)(x-3)$

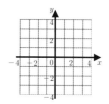

대표 문제 11 다음 좌표평면에 나타낸 그래프를 $y = a(x-\alpha)^2 + \beta$의 꼴로 표현하세요.

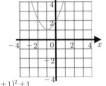

확인)
꼭짓점 좌표 : $(-1, 1)$
임의의 한 점(y절편) : $(0, 2)$

식 표현)
꼭짓점 좌표 : $(-1, 1) \rightarrow y = a(x+1)^2 + 1$
임의의 한 점(y절편) : $(0, 2)$ 대입
$2 = a(0+1)^2 + 1 \rightarrow a = 1$
$\therefore y = (x+1)^2 + 1$

다음 좌표평면에 나타낸 그래프를 식($y = a(x-\alpha)^2 + \beta$)으로 표현해 봅시다.

11-1.
(확인)
꼭짓점 좌표와 임의의 한 점

(표현)
꼭짓점 좌표와 임의의 한 점을 대입하기

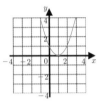

이차 함수 식 : _____

11-2.
(확인)

(표현)

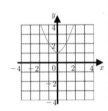

이차 함수 식 : _____

11-3.
(확인)

(표현)

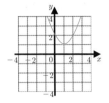

이차 함수 식 : _____

11-4.
(확인)

(표현)

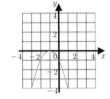

이차 함수 식 : _____

11-5.
(확인)

(표현)

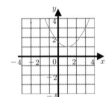

이차 함수 식 : _____

11-6.
(확인)

(표현)

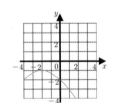

이차 함수 식 : _____

다음 좌표평면에 나타낸 그래프를
$y = a(x - \alpha)(x - \beta)$의 꼴로 표현하세요.

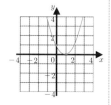

확인)
x축과 교점 : $(-1, 0)$, $(1, 0)$
임의의 한 점$(y$절편$)$: $(0, -1)$
식 표현
x축과 교점 : $(-1, 0), (1, 0) \rightarrow y = a(x + 1)(x - 1)$
임의의 한 점$(y$절편$)$: $(0, -1)$ 대입
$-1 = a(0 + 1)(0 - 1) \rightarrow a = 1$
$\therefore \ y = (x + 1)(x - 1)$

다음 좌표평면에 나타낸 그래프를 식
$\left(y = a(x - \alpha)(x - \beta) \right)$**으로 표현해 봅시다.**

12-1.
(확인)
x축과 교점과 임의의 한 점

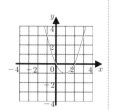

(표현)
x축과 교점 좌표와 임의의 한 점을 대입하기

이차 함수 식 : _____

12-2.
(확인)

(표현)

이차 함수 식 : _____

12-3.
(확인)

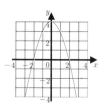

(표현)

이차 함수 식 : _____

12-4.
(확인)

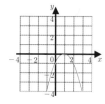

(표현)

이차 함수 식 : _____

12-5.
(확인)

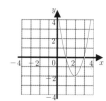

(표현)

이차 함수 식 : _____

12-6.
(확인)

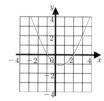

(표현)

이차 함수 식 : _____

대칭축

대표 문제 13 다음 주어진 조건을 이용하여

$y = a(x - \alpha)^2 + \beta$의 꼴로 표현하세요.

조건 1) 꼭짓점 좌표 : $(1, 1)$

임의의 한 점 : $(0, 2)$

조건 2) 축의 방정식 : $x = 1$

임의의 두 점 : $(0, 2), (3, 5)$

식 표현)

꼭짓점 좌표 : $(1, 1) \rightarrow y = a(x - 1)^2 + 1$

임의의 한 점 : $(0, 2)$ 대입 $\rightarrow 2 = a(0 - 1)^2 + 1 \rightarrow a = 1$

∴ $y = (x - 1)^2 + 1$

식 표현)

축의 방정식 : $x = 1 \rightarrow y = a(x - 1) + \beta$

임의의 두 점 : $(0, 2) \rightarrow 2 = a(0 - 1)^2 + \beta \rightarrow a + \beta = 2 \cdots$ ①

$(3, 5) \rightarrow 5 = a(3 - 1)^2 + \beta \rightarrow 4a + \beta = 5 \cdots$ ②

두 식(①번 식과 ②번 식)을 연립하면 $a = 1, \beta = 1$이 됩니다.

∴ $y = (x - 1)^2 + 1$

다음 주어진 조건을 이용하여 이차 함수 꼴

($y = a(x - \alpha)^2 + \beta$)로 표현해 봅시다.

13-1. 꼭짓점 좌표 : $(1, 0)$, 임의의 한 점 : $(0, 1)$

(풀이)

꼭짓점 좌표를 통해 α, β값 정하기

임의의 한 점을 대입하여 a의 값 정하기

이차 함수 식 : _____

13-2. 축의 방정식 : $x = -1$, 두 점 : $(0, 1), (-3, 4)$

(풀이)

축의 방정식을 통해 α의 값 정하기

두 점을 각각 대입하여 나타낸 두 식을

연립한 후 a, β의 값 정하기

이차 함수 식 : _____

13-3. 꼭짓점 좌표 : $(-1, 2)$, 임의의 한 점 : $(1, 6)$

(풀이)

이차 함수 식 : _____

13-4. 축의 방정식 : $x = 2$, 두 점 : $(3, 4), (0, 7)$

(풀이)

이차 함수 식 : _____

13-5. 꼭짓점 좌표 : $(2, 1)$, 임의의 한 점 : $(3, 0)$

(풀이)

이차 함수 식 : _____

13-6. 축의 방정식 : $x = -2$, 두 점 : $(0, -3), (2, -9)$

(풀이)

이차 함수 식 : _____

대표 문제 14 다음 주어진 조건을 이용하여
$y=a(x-\alpha)(x-\beta)$의 꼴로 표현하세요.

조건) x축과 교점 좌표 : $(-1,0),\ (2,0)$
　　　임의의 한 점(y절편의 좌표) : $(0,-2)$

식 표현)
x축과 교점 : $(-1,0),\ (2,0)\ \rightarrow\ y=a(x+1)(x-2)$
임의의 한 점(y절편의 좌표) : $(0,-2)$ 대입
$-2=a(0+1)(0-2)\ \rightarrow\ a=1$
$\therefore\ y=(x+1)(x-2)$

다음 주어진 조건을 이용하여 이차 함수 꼴
($y=a(x-\alpha)(x-\beta)$)로 표현해 봅시다.

14-1. x축과 교점 : $(1,0),\ (2,0)$
　　　　임의의 한 점(y절편의 좌표) : $(0,2)$
(풀이)
x축과 교점을 통해 $a,\ \beta$값 정하기

임의의 한 점(절편의 좌표)을 대입하여 a의 값 정하기

이차 함수 식 : _____

14-2. x축과 교점 : $(-1,0),\ (-3,0)$
　　　　임의의 한 점(y절편의 좌표) : $(0,3)$
(풀이)

이차 함수 식 : _____

14-3. x축과 교점 : $(-1,0),\ (1,0)$
　　　　임의의 한 점(y절편의 좌표) : $(0,1)$
(풀이)

이차 함수 식 : _____

14-4. x축과 교점 : $(2,0),\ (3,0)$
　　　　임의의 한 점 : $(1,4)$
(풀이)

이차 함수 식 : _____

14-5. x축과 교점 : $(0,0),\ (3,0)$
　　　　임의의 한 점 : $(1,-1)$
(풀이)

이차 함수 식 : _____

14-6. x축과 교점 : $(-3,0),\ (-4,0)$
　　　　임의의 한 점 : $(-2,-4)$
(풀이)

이차 함수 식 : _____

이차 함수 평행이동 첫 번째!
$y = a(x - \alpha)^2 + \beta, (a \neq 0)$을
y축으로 γ만큼 평행이동하기
$y - \gamma = a(x - \alpha) + \beta \rightarrow y = a(x - \alpha)^2 + \beta + \gamma$

대표 문제 15 다음 이차 함수 $y = f(x) = x^2$을 y축으로 1만큼 평행이동한 식을 구하고 좌표평면에 표시하세요.

$y = x^2$을 y축으로 1만큼 평행이동
$\rightarrow y - 1 = x^2$
$\therefore y = x^2 + 1$

다음 이차 함수를 y축으로 괄호 '[ ]'만큼 평행이동한 식을 구하고 좌표평면에 표시해 봅시다.

15-1. $y = f(x) = x^2$　　[−1]
(풀이)
$y = x^2$을 y축으로 −1만큼
평행이동하기

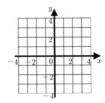

이차 함수 식 : _____

15-2. $y = f(x) = x^2 + 1$　　[1]
(풀이)

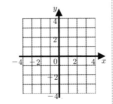

이차 함수 식 : _____

15-3. $y = f(x) = -x^2$　　[2]
(풀이)

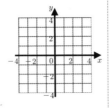

이차 함수 식 : _____

15-4. $y = f(x) = 2x^2$　　[−2]
(풀이)

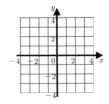

이차 함수 식 : _____

15-5. $y = f(x) = -\dfrac{1}{2}x^2$　　[2]
(풀이)

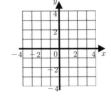

이차 함수 식 : _____

15-6. $y = f(x) = 3x^2 + 1$　　[−4]
(풀이)

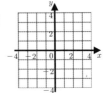

이차 함수 식 : _____

쉬어가는 이야기
대수 함수와 초월 함수

함수는 크게 대수 함수와 초월 함수로 나눕니다.
대수 함수는 대수 방정식으로 표현할 수 있는 함수입니다. 즉, 우리가 흔히 알고 있는 다항 함수를 생각하면 됩니다. 물론 다항 함수가 대수 함수를 대변할 수는 없지만 쉽게 이해하기 위해서는 다항 함수로 이해하는 것이 좋습니다.
다항 함수는 우리가 알고 있는 일차 함수, 이차 함수 등을 말합니다.
대수 함수가 아닌 함수를 우리는 초월 함수라 말하고 대표적으로 지수 함수, 로그 함수, 삼각 함수 등을 말합니다.
왜 이들이 초월 함수가 될까요?
지수 함수, 로그 함수, 삼각 함수 등 대수적 연산을 뛰어 넘어 또 다른 형태로 표현하게 되기 때문입니다. 자세한 내용은 차후 고등학교 교육과정에서 확인해 보시길 바랍니다.

개념해설

이차 함수 평행이동 두 번째!
$y = a(x-\alpha)^2 + \beta, (a \neq 0)$을
x축으로 γ만큼 평행이동하기 → $y = a(x-\gamma-\alpha)^2 + \beta$

대표 문제 16 다음 이차 함수 $y = f(x) = x^2$을 x축으로 1만큼 평행이동한 식을 구하고 좌표평면에 표시하세요.

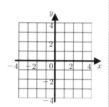

$y = x^2$을 x축으로 1만큼 평행이동
∴ $y = (x-1)^2$

다음 이차 함수를 x축으로 괄호 '[ ]'만큼 평행이동한 식을 구하고 좌표평면에 표시해 봅시다.

16-1. $y = f(x) = x^2$ $\quad [-1]$
(풀이)
$y = x^2$을 x축으로 -1만큼
평행이동하기

이차 함수 식 : ＿＿＿＿＿＿＿＿

16-2. $y = f(x) = x^2$ $\quad [2]$
(풀이)

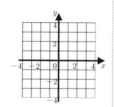

이차 함수 식 : ＿＿＿＿＿＿＿＿

16-3. $y = f(x) = -x^2$ $\quad [-2]$
(풀이)

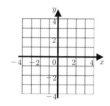

이차 함수 식 : ＿＿＿＿＿＿＿＿

16-4. $y = f(x) = (x+1)^2$ $\quad [1]$
(풀이)

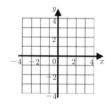

이차 함수 식 : ＿＿＿＿＿＿＿＿

16-5. $y = f(x) = 2(x-1)^2$ $\quad [-3]$
(풀이)

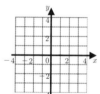

이차 함수 식 : ＿＿＿＿＿＿＿＿

16-6. $y = f(x) = -\dfrac{1}{2}(x-1)^2 \ [-2]$
(풀이)

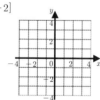

이차 함수 식 : ＿＿＿＿＿＿＿＿

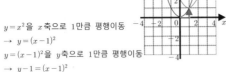

대표 문제 17 다음 이차 함수 $y = f(x) = x^2$을 x축으로 1만큼 y축으로 1만큼 평행이동한 식을 구하고 좌표평면에 표시하세요.

$y = x^2$을 x축으로 1만큼 평행이동
→ $y = (x-1)^2$
$y = (x-1)^2$을 y축으로 1만큼 평행이동
→ $y - 1 = (x-1)^2$
∴ $y = (x-1)^2 + 1$

다음 이차 함수를 x축으로 a만큼 y축으로 b만큼 평행이동한 식을 구하고 좌표평면에 표시해 봅시다.

17-1. $y = f(x) = x^2$　$a = -1, b = -1$
(풀이)
x축으로 -1만큼 평행이동하기

y축으로 -1만큼 평행이동하기

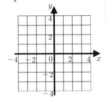

이차 함수 식 : ＿＿＿＿＿＿＿

17-2. $y = f(x) = -x^2$　$a = 1, b = -2$
(풀이)

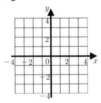

이차 함수 식 : ＿＿＿＿＿＿＿

17-3. $y = f(x) = x^2 + 1$　$a = 1, b = 2$
(풀이)

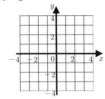

이차 함수 식 : ＿＿＿＿＿＿＿

17-4. $y = f(x) = (x-1)^2$　$a = -2, b = -1$
(풀이)

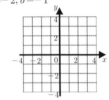

이차 함수 식 : ＿＿＿＿＿＿＿

17-5. $y = f(x) = (x-1)^2 + 1$　$a = 1, b = 1$
(풀이)

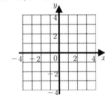

이차 함수 식 : ＿＿＿＿＿＿＿

17-6. $y = f(x) = 2(x+2)^2 - 1$　$a = 3, b = -1$
(풀이)

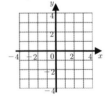

이차 함수 식 : ＿＿＿＿＿＿＿

이차 함수 대칭이동 첫 번째!
$y = a(x-\alpha)^2 + \beta, (a \neq 0)$을 x축으로 대칭이동하기
y 대신 $-y$ 대입
$-y = a(x-\alpha)^2 + \beta \rightarrow y = -a(x-\alpha)^2 - \beta$

대표 문제 18 다음 이차 함수 $y = f(x) = x^2$을 x축으로 대칭이동한 식을 구하고 좌표평면에 표시하세요.

x축으로 대칭이동 : $y \rightarrow -y$
$\rightarrow -y = x^2$
$\therefore y = -x^2$

다음 이차 함수를 x축으로 대칭이동한 식을 구하고 좌표평면에 표시해 봅시다.

18-1. $y = f(x) = -x^2$
(풀이)
  $y \rightarrow -y$ 대입

이차 함수 식 : _____

18-2. $y = f(x) = x^2 + 1$
(풀이)

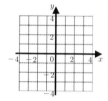

이차 함수 식 : _____

18-3. $y = f(x) = (x-1)^2$
(풀이)

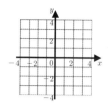

이차 함수 식 : _____

18-4. $y = f(x) = -\dfrac{1}{2}(x+1)^2$
(풀이)

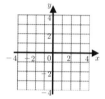

이차 함수 식 : _____

18-5. $y = f(x) = (x+1)^2 + 1$
(풀이)

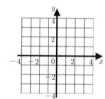

이차 함수 식 : _____

18-6. $y = f(x) = 2(x+2)^2 - 1$
(풀이)

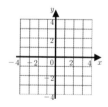

이차 함수 식 : _____

이차 함수 대칭이동 두 번째!
$y = a(x-\alpha)^2 + \beta, (a \neq 0)$을 y축으로 대칭이동하기
x 대신 $-x$ 대입
$\therefore \ y = a(-x-\alpha)^2 + \beta \ \rightarrow \ y = a(x+\alpha)^2 - \beta$

대표 문제 19 다음 이차 함수 $y = f(x) = (x-1)^2$을 y축으로 대칭이동한 식을 구하고 좌표평면에 표시하세요.

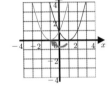

y축으로 대칭이동 : $x \ \rightarrow \ -x$
$\rightarrow \ y = (-x-1)^2$
$\therefore \ y = (x+1)^2$

다음 이차 함수를 y축으로 대칭이동한 식을 구하고 좌표평면에 표시해 봅시다.

19-1. $y = f(x) = x^2$
(풀이)
$x \ \rightarrow \ -x$ 대입

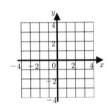

이차 함수 식 : _____

19-2. $y = f(x) = -x^2 - 1$
(풀이)

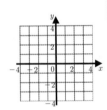

이차 함수 식 : _____

19-3. $y = f(x) = (x+1)^2$
(풀이)

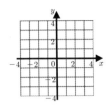

이차 함수 식 : _____

19-4. $y = f(x) = -(x-1)^2 - 1$
(풀이)

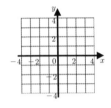

이차 함수 식 : _____

19-5. $y = f(x) = 2(x-2)^2 - 1$
(풀이)

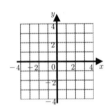

이차 함수 식 : _____

19-6. $y = f(x) = -\dfrac{1}{2}(x+3)^2 + 1$
(풀이)

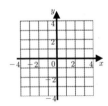

이차 함수 식 : _____

함숫값
x값에 대응하는 y값을 말함.
즉, $f(x)$의 값을 말함.

대표 문제 20 다음 함수 $y=f(x)=2x-1$에 대하여 $f(2)$의 값을 구하세요.

$f(2)$는 $x=2$일 때의 값을 말합니다.
→ $y=f(2)=2\times2-1$
∴ $f(2)=3$

다음 함숫값을 구해 봅시다.

20-1. $y=f(x)=x-3$일 때, $f(0)$의 값
(풀이)
$y=f(x)=2x$에 $x=1$을 대입하기

정답 : _____

20-2. $y=f(x)=2x^2+3$일 때, $f(2)$의 값
(풀이)

정답 : _____

20-3. $y=f(x)=2(x-1)$일 때, $f(3)$의 값
(풀이)

정답 : _____

20-4. $y=f(x)=-x^2-x+3$일 때, $f(-1)$의 값
(풀이)

정답 : _____

20-5. $y=f(x)=8x^2-2x+5$일 때, $f\left(\dfrac{1}{2}\right)$의 값
(풀이)

정답 : _____

최댓값과 최솟값
함숫값 중 가장 큰 값을 최댓값, 가장 작은 값을 최솟값이라 말함.

대표 문제 21 다음 이차 함수 $y=x^2-2x$의 최댓값 또는 최솟값을 구하고 그때의 x값을 구하세요.

이차 함수의 최댓값과 최솟값을 구하기 위해 주어진 식을 완전제곱꼴로 나타냅니다.
$y=x^2-2x$
→ (과정 생략) → $y=(x-1)^2-1$
∴ $x=1$일 때, 최솟값은 -1입니다.
이유) $x-1\neq0$일 경우 y의 값은 적어도 -1보다 크기 때문

다음 주어진 이차 함수의 최댓값 또는 최솟값을 구하고 그때의 x값을 구하세요.

21-1. $y=x^2-3x+3$
(풀이)
$y=x^2-3x+3$를 완전제곱꼴로 나타내어 최댓값 또는 최솟값 구하기

정답 : _____

21-2. $y=-x^2+4x-2$
(풀이)

정답 : _____

21-3. $y = 2x^2 - 4x + 3$

(풀이)

정답 : _____

21-4. $y = -3x^2 + 12x - 1$

(풀이)

정답 : _____

21-5. $y = \dfrac{1}{2}x^2 - 2x + 5$

(풀이)

정답 : _____

21-6. $y = -\dfrac{1}{3}x^2 - 2x + 10$

(풀이)

정답 : _____

대표 문제 22 다음 두 함수 $\begin{cases} y = x^2 \\ y = x+1 \end{cases}$ 의 교점에 대한 개수를 구하세요.

두 함수가 만나는 점.
즉, 교점은 두 함수의 공통으로 갖고 있는 점이므로
두 함수를 연립합니다.
$y = x^2 = x+1 \;\rightarrow\; x^2 - x - 1 = 0$
그런데 교점을 구하는 것이 아닌 교점의 개수를 구하는
것이므로 판별식을 이용합니다.
$D = (-1)^2 - 4 \times 1 \times (-1) = 1 + 4 = 5 > 0$
$D > 0$ 이므로 2개의 근을 갖습니다.
$\therefore$ 교점의 개수는 2개

다음 주어진 두 함수의 교점에 대한 개수를 구하세요.

22-1. $\begin{cases} y = x^2 \\ y = x-2 \end{cases}$

(풀이)

$\begin{cases} y = x^2 \\ y = x-2 \end{cases}$ 를 연립하여 x 에 관한 식으로 나타내기

판별식을 이용하여 교점의 개수 구하기

정답 : _____

22-2. $\begin{cases} y = -x^2 + 2x \\ y = -2x + 4 \end{cases}$

(풀이)

정답 : _____

22-3. $\begin{cases} y = x^2 + 3x + 1 \\ y = -x + 2 \end{cases}$

(풀이)

정답 : _____

22-4. $\begin{cases} y = x^2 - 4x - 2 \\ y = 2x - 11 \end{cases}$

(풀이)

정답 : _____

22-5. $\begin{cases} y = 2x^2 + 3x + 1 \\ y = x - 3 \end{cases}$

(풀이)

정답 : _____

22-6. $\begin{cases} y = x^2 - 2x - 3 \\ y = x - 5 \end{cases}$

(풀이)

정답 : _____

쉬어가는 이야기
함수의 간단한 역사

함수란 개념을 처음으로 확립한 사람은 17세기 독일 수학자 라이프니츠입니다. 그는 함수를 아래와 같이 정의했습니다.

"변수 x값의 변화에 따라 변수 y값이 정해진다."

이후 많은 수학자들이 함수에 대해 연구하였고 18세기에 접어들어 오일러라는 수학자가 조금 더 자세히 함수를 정의했습니다.

"변수와 상수에 의해 만들어진 해석적인 식"

19세기에는 디리클레가 함수를 정의했습니다.

"두 변수 x, y에 있어 x값을 정하면 그에 따라 y값이 정하여짐."

현재는 변화와 대응의 관계로 함수를 정의하였고 이를 이용하여 함수에 접근하고 있습니다.

O6 규칙 | 규 칙 찾 기

대표 문제 1 다음은 어떤 규칙이 있는지 말해 보고 일곱 번째 올 색깔은 무엇인지 말하세요.

규칙 : 흰→회→검 순서대로 나열되어져 있습니다.
일곱 번째 올 색깔은 흰색입니다.

다음은 어떤 규칙이 있는지 말해 보고 100번째 올 색은 어떤 색인지 말해 봅시다.

01-1.

(풀이)
규칙 → 어떠한 규칙이 있는지 확인하기

100번째 올 색깔 → 100번째 색 쓰기

01-2.

(풀이)
규칙 →

100번째 올 색깔 →

01-3.

(풀이)
규칙 →

100번째 올 색깔 →

01-4.

(풀이)
규칙 →

100번째 올 색깔 →

01-5.

(풀이)
규칙 →

100번째 올 색깔 →

대표 문제 2 다음은 어떤 규칙이 있는지 말해 보고 다섯 번째 올 모양을 그려본 후 몇 개의 구슬이 있는지 말하세요.

규칙 : 삼각형 모양이 되도록 구슬을 배치합니다.
이때, 구슬은 한 개씩 추가하여 아래에 배치합니다.
다섯 번째 올 모양

다섯 번째 올 구슬의 개수는 15개입니다.

다음은 어떤 규칙이 있는지 말해 보고 일곱 번째 올 모양을 그려본 후 몇 개의 구슬이 있는지 말해 봅시다.

02-1.

(풀이)
규칙 → 어떠한 규칙이 있는지 확인하기

일곱 번째 올 그림
일곱 번째 올 그림 그리기

구슬의 개수 : _____개

02-2.

(풀이)
규칙 →

일곱 번째 올 그림

구슬의 개수 : _____개

02-3.

···

(풀이)
규칙 →

일곱 번째 올 그림

구슬의 개수 : _____개

02-4.

···

(풀이)
규칙 →

일곱 번째 올 그림

구슬의 개수 : _____개

02-5.

···

(풀이)
규칙 →

일곱 번째 올 그림

구슬의 개수 : _____개

대표 문제 3 다음은 어떤 규칙이 있는지 말해 보고 열 번째 올 숫자를 구하세요.

$$123 \quad 456 \quad 789 \quad 123 \quad \cdots$$

규칙 : 숫자 1부터 9까지 3개씩 끊어서 나열해 가는 규칙입니다.

123은 첫 번째, 네 번째, 일곱 번째, 열 번째에 나오므로 따라서 열 번째 올 숫자는 123입니다.

다음 물음에 답해 봅시다.

03-1. 규칙과 일곱 번째 올 숫자

(1) 121   232   343   ···
(풀이)
규칙 →

일곱 번째 올 숫자 →

(2) 312   422   532   ···
(풀이)
규칙 →

일곱 번째 올 숫자 →

03-2. 규칙과 □안에 들어갈 숫자

(1)

$$37 \times 3 = 111$$
$$37 \times 6 = 222$$
$$\vdots$$
$$37 \times \square = \square \,(\text{일곱 번째})$$

(풀이)
규칙 →

네모 안 숫자 →

(2)

$$101 \times 11 = 1111$$
$$101 \times 22 = 2222$$
$$\vdots$$
$$101 \times \square = \square \,(\text{일곱 번째})$$

(풀이)
규칙 →

네모 안 숫자 →

03-3. 규칙과 빈 칸에 들어갈 숫자

(1)

×	11	12	13	14	15
11	4	6	8	10	12
12	6	9	12	①	9
13	8	12	16	11	15
14	10	15	11	16	3
15	12	9	②	3	9

(풀이)
규칙 →

① :

② :

(2)

2111	2133	2166	2210
2311	①	2366	2410
2611	2633	2666	②
3011	3033	3066	3110

(풀이)
규칙 →

① :

② :

QUIZ 07 어떤 규칙이 숨겨져 있을까?

물음표에 들어갈 것은 무엇일까요?

대표 문제 4 다음은 어떤 규칙이 있는지 말해 보고 다섯 번째 올 숫자와 다섯 번째까지 숫자들의 합을 구하세요.

1 3 5 …

규칙 : 2씩 더하면서 나열해 가는 규칙입니다.
1 3 5 7 9 …
다섯 번째 올 숫자 : 9
다섯 번째까지 숫자들의 합 : 1+3+5+7+9=25

다음은 어떤 규칙이 있는지 말해 보고 일곱 번째 올 숫자와 일곱 번째까지 숫자들의 합을 구해 봅시다.

04-1. 2 5 8 …
(풀이)
규칙 →

일곱 번째 올 숫자 →

일곱 번째까지 숫자들의 합 →

04-2. 1 4 7 …
(풀이)
규칙 →

일곱 번째 올 숫자 →

일곱 번째까지 숫자들의 합 →

04-3. 2 4 8 16 …
(풀이)
규칙 →

일곱 번째 올 숫자 →

일곱 번째까지 숫자들의 합 →

04-4. 1   3   9   27   …
(풀이)
규칙 →

일곱 번째 올 숫자 →

일곱 번째까지 숫자들의 합 →

04-5. 2   3   5   8   …
(풀이)
규칙 →

일곱 번째 올 숫자 →

일곱 번째까지 숫자들의 합 →

04-6. 1   2   5   14   …
(풀이)
규칙 →

일곱 번째 올 숫자 →

일곱 번째까지 숫자들의 합 →

현실 속에 어떤 규칙들이 숨어 있을까?

우리는 규칙 속에 하루하루를 생활하고 있습니다. 하지만 우리는 '규칙 속에 살아야지!'라는 생각으로 하루를 지내고 있지 않을 것입니다. 아마도 너무나도 당연하고 너무나도 익숙해서 규칙 속에 살고 있지만 규칙의 존재를 모르고 사는 공기와 같은 존재이기 때문입니다.

우리에게 있어 너무나 당연한 규칙! 우리 주변에는 이러한 규칙이 어디에 있을까요?

가장 먼저 나만의 생활 규칙이 있습니다. 그리고 학교에서 시간표가 있죠. 시간표는 학생들과 선생님 그리고 학교와의 약속, 즉 규칙입니다. 신호등도 규칙 중 하나입니다. 왜냐하면 보행자 신호등을 기준으로 빨강색과 초록색 불이 번갈아가며 켜지게 되기 때문입니다. 물론 상황과 장소에 따라 켜지고 꺼지는 시간이 다를 수 있겠죠.

또 어떤 것들이 있을까요? 주위를 둘러보면 모두 다 규칙일 것입니다. 잠시 펜을 내려놓고 주위를 한 번 둘러보세요. 그리고 어떤 규칙이 있는지 한 번 찾아봅시다.

IV

도형

측정(단위, 길이, 둘레, 넓이, 부피 등)을 배우는 이유는 무엇일까요?

우리 주변에 수많은 도형이 있습니다.
그리고 우리는 이 수많은 도형의 이름을 배우고 단위, 길이 그리고 평면도형의 둘레, 넓이를 구하는 법, 입체도형의 부피를 구하는 법 등과 같은 측정을 배우게 됩니다.

이 중 우리가 측정을 배우는 이유가 무엇일까요?

예를 통해 그 이유를 알아보도록 하겠습니다.
캔 음료수 모양을 보면 대부분 원기둥임을 알 수 있습니다.
그렇다면 캔 음료수 모양이 원기둥인 이유는 무엇일까요?
같은 부피에 대한 면적의 차이가 가작 작은 것이 원기둥이기 때문입니다.
(비교 대상 : 사각기둥, 육각기둥, 원기둥)
즉, 원기둥 모양으로 만들면 다른 모양보다 적은 비용으로 최대효과를 얻을 수 있습니다. 그리고 원기둥 모양은 다른 것보다 손에 잡기가 수월하기도 합니다. 또한 음료수를 운반하다보면 캔끼리 부딪히는 경우가 있는데, 이때 피해를 최소화할 수 있는 모양이기도 합니다.

또 다른 예로는 건물을 지탱하는 기둥을 세울 때 어느 정도 부피로 기둥을 세우고 몇 개를 세워야 건물이 무너지지 않는지 등 측정을 하고 이를 토대로 건물을 짓게 됩니다.

따라서 측정은 현실 속에서 다양하게 사용되어지고 있습니다.

그렇다면 측정에 관련된 사람들만 측정을 배우면 되는 것 아닌가요?

아닙니다. 측정을 배우는 이유는 이익과 안전 등 현실에 있어 실제 쓰이기 때문이겠지만 그보다 더 중요한 이유는 먼저 모두가 통용하는 단위를 배우고 상대방과 의사소통하기 위해서입니다. 예를 들면 고속도로에서 제한 속도 시속 $100km/h$인데 이를 모른다면 사고 날 위험이 더욱 더 커집니다. 그리고 봄에 꽃샘추위로 인해 기온이 5도인데 이를 모르고 봄옷을 입고 외출하면 감기에 걸리게 되겠죠.

그러므로 측정을 직접적으로 사용하지 않더라도 우리는 측정을 배워야 합니다. 이는 앞에서 말한 바와 같이 측정은 하나의 의사소통이기 때문입니다.

삼각형

1) 삼각형
세 변으로 둘러싸인 평면도형을 말합니다.

2) 삼각형이 되기 위한 조건
제일 긴 변의 길이 < 나머지 두 변의 길이의 합

3) 삼각형의 종류
* 변의 길이로 구분하기
- 두 변의 길이가 같을 때, 이등변 삼각형
- 세 변의 길이가 모두 같을 때, 정삼각형

정삼각형

이등변삼각형

* 각의 크기로 구분하기
- 직각이 있으면 직각 삼각형
- 둔각이 있으면 둔각 삼각형
- 모두 예각이면 예각 삼각형

예각삼각형

직각삼각형

둔각삼각형

4) 삼각형 넓이
* 밑변과 높이가 주어질 경우

삼각형 넓이 : $\dfrac{1}{2} \times a \times h$

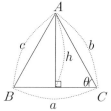

* 임의의 두 변과 사잇각이 주어질 경우

삼각형 넓이 : $\dfrac{1}{2} \times a \times b \times \sin\theta$

참고) θ가 둔각이면 $\sin(180-\theta)$으로 계산합니다.

$\sin 60° = \sin 120° = \dfrac{\sqrt{3}}{2}$

$\sin 30° = \sin 150° = \dfrac{1}{2}$

$\sin 45° = \sin 135° = \dfrac{\sqrt{2}}{2}$

1) 사각형
네 변으로 둘러싸인 평면도형을 말합니다.

2) 사각형의 종류
정사각형, 직사각형, 마름모, 평행사변형, 사다리꼴 등

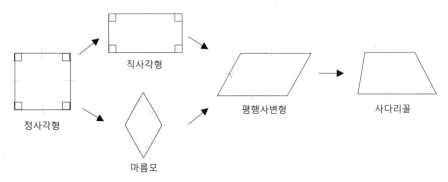

- 정사각형 정의 : 네 변의 길이와 네 내각의 크기가 같은 사각형
- 직사각형 정의 : 네 내각의 크기가 같은 사각형
- 마름모 정의 : 네 변의 길이가 같은 사각형
- 평행사변형 정의 : 두 쌍의 대변이 각각 평행한 사각형
- 사다리꼴 정의 : 한 쌍의 대변이 평행한 사각형

3) 사각형의 정리 및 성질

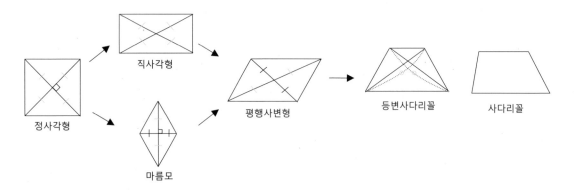

- 등변사다리꼴 성질 : 두 대각선의 길이가 같습니다.
- 평행사변형 성질 : 두 대각선은 서로 이등분합니다.
- 마름모 성질 : 두 대각선은 서로 수직이등분합니다.
- 직사각형 성질 : 두 대각선의 길이가 같고 서로 이등분합니다.
- 정사각형 성질 : 두 대각선의 길이가 같고 서로 수직이등분합니다.

- 평행사변형 성질 : 두 쌍의 대변의 길이와 대각의 크기가 같습니다.
- 평행사변형 특징 : 첫 번째, 정사각형 성질은 직사각형 성질과 마름모의 성질 모두
  갖고 있습니다.
  두 번째, 직사각형 성질과 마름모의 성질 공통점은 평행사변형
  성질입니다.

원과 부채꼴

1) 원
임의의 한 점(중심)으로부터 같은 거리(반지름)에 있는 점들을 모두 모아 이루어진 평면
도형입니다.

* 용어

* 원의 넓이와 둘레
r : 반지름, π : 원주율
원의 넓이 : πr^2
원의 둘레 : $2\pi r$

2) 부채꼴
원에서 두 개의 반지름과 하나의 호로 둘러싸인 영역입니다. 즉, 원의 일부인 부채 모양
으로 생긴 부분을 말합니다.

* 용어

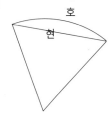

* 부채꼴의 호의 길이와 넓이

l : 호, θ : 중심각

부채꼴의 넓이 : $S = \pi r^2 \times \dfrac{\theta}{360} = \dfrac{1}{2} rl$

부채꼴의 호의 길이 : $l = 2\pi r \times \dfrac{\theta}{360}$

참고

부채꼴은 원의 일부이므로 부채꼴의 넓이와 호의 길이는 원의 넓이에서 $360\,^\circ$ 중심각 만큼의 비율을 나타낸 것입니다.

O7 도형 **삼 각 형**

개념해설

삼각형이 되기 위한 조건 :
　제일 긴 변의 길이 < 나머지 두 변의 길이의 합

대표 문제 1 세 변의 길이가 각각 3, 4, 5이면 삼각형이 될지 알아보세요.

제일 긴 변의 길이 : 5
나머지 두 변의 길이 : 3, 4
5 < 3+4
∴ 삼각형이 될 수 있습니다.

다음 주어진 세 변의 길이로 삼각형을 만들 수 있는지 알아봅시다.

O1-1. 2, 2, 5
(풀이)
제일 긴 변의 길이 :
나머지 두 변의 길이 :
긴 변의 길이와 나머지 두 변의 길이의 합에 대한 크기 비교

정답 : _____

O1-2. 3, 4, 4
(풀이)
제일 긴 변의 길이 :
나머지 두 변의 길이 :

정답 : _____

O1-3. 2, 3, 5
(풀이)
제일 긴 변의 길이 :
나머지 두 변의 길이 :

정답 : _____

O1-4. 4, 4, 4
(풀이)
제일 긴 변의 길이 :
나머지 두 변의 길이 :

정답 : _____

O1-5. $1, 1, \sqrt{2}$
(풀이)
제일 긴 변의 길이 :
나머지 두 변의 길이 :

정답 : _____

O1-6. $1, \sqrt{3}, 2$
(풀이)
제일 긴 변의 길이 :
나머지 두 변의 길이 :

정답 : _____

QUIZ O8 **삼각형의 개수**

삼각형은 몇 개일까요?

개념해설

삼각형의 종류
1) 변의 길이로 구분
- 이등변 삼각형, 정삼각형
2) 각의 크기로 구분
- 직각 삼각형, 둔각 삼각형, 예각 삼각형

대표 문제 2 $\triangle ABC$에서 각 꼭짓점의 대변을 각각 a, b, c라 할 때, 세 변의 길이가 각각 $1, 1, \sqrt{2}$이면 어떤 삼각형이 될까요?

1) 변의 길이에 대한 관계 확인하기
두 변의 길이가 같음 ($a = b = 1$)
2) 피타고라스 정리를 통해 각의 크기 확인하기
$\sqrt{2}^2 = 1^2 + 1^2 \rightarrow 2 = 1 + 1$
∴ $a = b$이고 ∠C가 직각인 직각 이등변 삼각형입니다.

다음 주어진 a, b, c 세 변을 통해 어떤 삼각형이 되는지 알아봅시다.

02-1. $3, 4, 5$
(풀이)
1) 삼각형이 되는지 확인하기

2) 같은 변이 있는지 확인하기

3) 긴 변의 길이의 제곱과 나머지 두 변 각각의 제곱의 합과의 크기 비교를 통해 직각, 예각, 둔각을 구분하기

정답 : _____

02-2. $3, 3, 5$
(풀이)
1)

2)

3)

정답 : _____

02-3. $3, 3, 3$
(풀이)
1)

2)

3)

정답 : _____

02-4. $5, 12, 13$
(풀이)
1)

2)

3)

정답 : _____

02-5. $1, \sqrt{3}, 2$
(풀이)
1)

2)

3)

정답 : _____

02-6. $\sqrt{5}, \sqrt{5}, \sqrt{10}$
(풀이)
1)

2)

3)

정답 : _____

삼각형의 넓이

1) $\frac{1}{2} \times a \times h$

2) $\frac{1}{2} \times a \times b \times \sin\theta$

대표 문제 3 다음 삼각형의 넓이를 구해 보세요.

밑변은 2, 높이 $\sqrt{3}$

삼각형 넓이 : $\frac{1}{2} \times 2 \times \sqrt{3}$

∴ 삼각형 넓이는 $\sqrt{3}$ 입니다.

다음 삼각형의 넓이를 구해 봅시다.

O3-**1.**

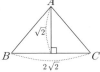

(풀이)
밑변과 높이를 이용한 삼각형 넓이 구하기

정답 : _____

O3-**2.**

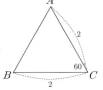

(풀이)
두 변과 사잇각을 이용한 삼각형 넓이 구하기

정답 : _____

O3-**3.**

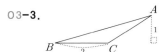

(풀이)

정답 : _____

O3-**4.**

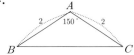

(풀이)

정답 : _____

O3-**5.**

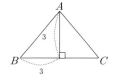

(풀이)

정답 : _____

O3-**6.**

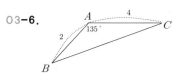

(풀이)

정답 : _____

사 각 형

대표 문제 4 다음 그림을 보고 정의를 써 보세요.

정사각형 정의) 네 변의 길이와 네 내각의 크기가 같은 사각형
직사각형 정의) 네 내각의 크기가 같은 사각형
마름모 정의) 네 변의 길이가 같은 사각형
평행사변형 정의) 두 쌍의 대변이 각각 평행한 사각형
사다리꼴 정의) 한 쌍의 대변이 평행한 사각형

대표 문제 5 다음 그림을 보고 성질을 써 보세요.

등변사다리꼴 성질) 두 대각선의 길이가 같습니다.
평행사변형 성질) 두 대각선은 서로 이등분합니다.
마름모 성질) 두 대각선은 서로 수직이등분합니다.
직사각형 성질) 두 대각선의 길이가 같고 서로 이등분합니다.
정사각형 성질) 두 대각선의 길이가 같고 서로 수직이등분합니다.

다음 밑줄에 알맞은 말을 적어 봅시다.

04-1. 정사각형 정의

→ _____의 길이와 _____의 크기가 같은 사각형

04-2. 직사각형 정의

→ _____의 크기가 같은 사각형

04-3. 마름모 정의

→ _____의 길이가 같은 사각형

04-4. 평행사변형 정의

→ _____의 대변이 각각 _____ 사각형

04-5. 사다리꼴 정의

→ _____의 대변이 _____ 사각형

다음 밑줄에 알맞은 말을 적어 봅시다.

05-1. 등변사다리꼴 성질

→ 두 대각선의 _____가 같습니다.

05-2. 평행사변형 성질

→ 두 대각선은 서로 _____합니다.

05-3. 마름모 성질

→ 두 대각선은 서로 _____합니다.

05-4. 직사각형 성질

→ 두 대각선의 _____가 같고 서로 _____합니다.

05-5. 정사각형 성질

→ 두 대각선의 _____가 같고 서로 _____
합니다.

원 과 부 채 꼴

대표 문제 6 다음 그림을 보고 정의를 써 보세요.

원의 정의) 임의의 한 점(중심)으로부터 같은 거리(반지름)에 있는 점들을 모두 모아 이루어진 평면도형입니다.
부채꼴 : 원의 일부!

개념해설

1) 원의 넓이 : πr^2 원의 둘레 : $2\pi r$

2) 부채꼴의 넓이 : $S = \pi r^2 \times \dfrac{\theta}{360} = \dfrac{1}{2} rl$

부채꼴의 호의 길이 : $l = 2\pi r \times \dfrac{\theta}{360}$

대표 문제 7 다음 물음에 답하세요.

(1) 반지름 2인 원의 넓이와 둘레의 길이

(2) 반지름 2, 중심각 크기 30°인 부채꼴의 넓이와 호의 길이

(1) 원의 넓이 : $\pi \times 2^2 = 4\pi$, 원의 둘레 : $2\pi \times 2 = 4\pi$

(2) 부채꼴의 넓이 : $S = \pi \times 2^2 \times \dfrac{30}{360} = \pi \times 4 \times \dfrac{1}{12} = \dfrac{1}{3}\pi \left(= \dfrac{\pi}{3} \right)$

부채꼴 호의 길이 : $l = 2\pi \times 2 \times \dfrac{30}{360} = 2\pi \times 2 \times \dfrac{1}{12} = \dfrac{1}{3}\pi \left(= \dfrac{\pi}{3} \right)$

다음 밑줄 또는 빈 칸에 알맞은 말을 적어 봅시다.

06-1. 원의 정의

→ 임의의 한 점(_____)으로부터
같은 거리(_____)에 있는 점들을 모두 모아
이루어진 _____도형입니다.

06-2. 원의 용어

06-3. 부채꼴의 용어

다음 원의 넓이와 둘레의 길이를 구해 봅시다.

07-1. 반지름 5

원의 넓이 :

원의 둘레의 길이 :

07-2. 반지름 $\dfrac{1}{2}$

원의 넓이 :

원의 둘레의 길이 :

07-3. 반지름 $\sqrt{2}$

원의 넓이 :

원의 둘레의 길이 :

다음 부채꼴의 넓이와 호의 길이를 구해 봅시다.

07-4. 반지름 1, 중심각 크기 45°

부채꼴의 넓이 :

부채꼴 호의 길이 :

07-5. 반지름 $\frac{1}{3}$, 중심각 크기 120°

부채꼴의 넓이 :

부채꼴 호의 길이 :

07-6. 반지름 $\sqrt{3}$, 중심각 크기 60°

부채꼴의 넓이 :

부채꼴 호의 길이 :

호의 길이가 주어질 때, 부채꼴의 넓이를 구해 봅시다.

07-7. 반지름 1, 호의 길이 2

부채꼴의 넓이 :

07-8. 반지름 3, 호의 길이 4

부채꼴의 넓이 :

07-9. 반지름 $\frac{1}{2}$, 호의 길이 6

부채꼴의 넓이 :

쉬어가는 이야기
유클리드의 기하학 원론 중 5가지 공리

고대 그리스의 수학자인 유클리드(Euclid, B.C. 330~275)는 기하학의 아버지로 불리고 있습니다. 그는 현재 우리가 사용하고 있는 점, 선, 면을 정의하여 현재 우리가 도형에 대한 측정을 할 수 있게 한 가장 큰 업적을 남겼습니다.

그가 쓴 기하학 원론 시작 부분에 크게 다섯 가지 공리를 소개합니다.
(참고) 증명하지 않아도 명확한 명제를 공준이라 하는데 이때, 공준을 보다 일반적으로 한 것을 공리라고 말합니다.

다섯 가지 공리
첫 번째) 임의의 점과 다른 한 점을 연결하는 직선은 단 하나뿐이다.
두 번째) 임의의 선분은 양 끝으로 얼마든지 연장할 수 있다.
세 번째) 임의의 점을 중심으로 하고 임의의 길이를 반지름으로 하는 원을 그릴 수 있다.
네 번째) 직각은 모두 서로 같다.
다섯 번째) 평행선 공준 - 두 직선이 한 직선과 만날 때, 같은 쪽에 있는 내각의 합이 두 직각보다 작으면 이 두 직선을 연장할 때 두 직각보다 작은 내각을 이루는 쪽에서 반드시 만난다.

논란이 많은 마지막 다섯 번째 평행선 공준!
왜 논란이 많을까요?
우리가 스케치북에 두 평행선을 그리면 두 선은 만나지 않습니다. 그러나 지구라면 얘기가 달라집니다. 두 평행선을 연장하면 하나의 점으로 만나기 때문이죠. 그래서 이를 보완하기 위해 비유클리드 기하학이 탄생하게 됩니다(아래 그림 참고).

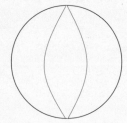

빠른 정답지

정답지 및 해설지

Ⅰ 수와 식

01 수와 연산 – 정수와 유리수

p 18~25

01-1. (1) $-1.0,\ 3,\ \dfrac{4}{2},\ 0$ (2) $0.2\dot{1}$ **01-2.** (1) $0.\dot{9}$ (2) $-1.01,\ 0.1212\cdots,\ \dfrac{1}{3},\ 0.\dot{1}$ **02-1.** $\dfrac{1}{2}$ **02-2.** $-\dfrac{1}{3}$ **02-3.** $\dfrac{3}{4}$ **02-4.** $\dfrac{6}{5}$ **02-5.** $-\dfrac{5}{3}$ **03-1.** $-\dfrac{1}{3} > -\dfrac{1}{2}$

03-2. $\dfrac{11}{6} < 2$ **03-3.** $\dfrac{9}{4} < 2.4 < \dfrac{13}{5}$ **03-4.** $-\dfrac{4}{3} < -1.3 < -\dfrac{7}{6}$ **04-1.** 3 **04-2.** 4 **04-3.** 1.6 **04-4.** 0 **04-5.** $\dfrac{1}{2}$ **04-6.** $\dfrac{4}{7}$ **05-1.** $-3,\ 3$ **05-2.** $-4,\ 4$ **05-3.**

$-1.6,\ 1.6$ **05-4.** 0 **05-5.** $-\dfrac{1}{2},\ \dfrac{1}{2}$ **05-6.** $-\dfrac{4}{7},\ \dfrac{4}{7}$ **06-1.** 4 **06-2.** 6 **06-3.** 10 **06-4.** -1 **06-5.** 1 **06-6.** 5 **07-1.** -6 **07-2.** -6 **07-3.** $-\dfrac{2}{5}$ **07-4.** $\dfrac{4}{5}$

07-5. 15 **07-6.** $-\dfrac{8}{5}$ **08-1.** 13 **08-2.** 7 **08-3.** 5 **08-4.** -5 **08-5.** 9 **08-6.** -10 **09-1.** $\dfrac{5}{18}$ **09-2.** $\dfrac{3}{2}$ **09-3.** $\dfrac{10}{3}$ **09-4.** $\dfrac{6}{7}$ **09-5.** $\dfrac{8}{5}$ **09-6.** $\dfrac{4}{3}$ **10-1.** -1

10-2. $-\dfrac{1}{2}$ **10-3.** $\dfrac{7}{4}$ **10-4.** $\dfrac{8}{5}$ **10-5.** 2

01 수와 연산 – 거듭제곱 표현과 지수법칙

p 26~29

11-1. a^3 **11-2.** $a^2 \times b^3 (= a^2 b^3)$ **11-3.** $a^3 \times b^3 (= a^3 b^3)$ **11-4.** $a^3 \times b^2 \times c (= a^3 b^2 c)$ **11-5.** $2^3 \times a^2 \times b \times c^2 (= 2^3 a^2 b c^2)$ **12-1.** $\dfrac{1}{a^3}$ **12-2.** $\dfrac{1}{a^2 \times b^3}\left(= \dfrac{1}{a^2 b^3}\right)$

12-3. $\dfrac{1}{a \times b^3}\left(= \dfrac{1}{ab^3}\right)$ **12-4.** $\dfrac{1}{a^2 \times b}\left(= \dfrac{1}{a^2 b}\right)$ **12-5.** $\dfrac{b}{a^3 \times c}\left(= \dfrac{b}{a^3 c}\right)$ **13-1.** $\left(\dfrac{1}{a}\right)^3\left(= \dfrac{1}{a^3}\right)$ **13-2.** $\left(\dfrac{1}{a}\right) \times \left(\dfrac{1}{b}\right)^2$ 또는 $\left(\dfrac{1}{a}\right)\left(\dfrac{1}{b}\right)^2\left(= \dfrac{1}{a^3 b^2}\right)$ **13-3.** $\left(\dfrac{1}{a}\right)^2 \times \left(\dfrac{1}{b}\right)^3$

또는 $\left(\dfrac{1}{a}\right)^2\left(\dfrac{1}{b}\right)^3\left(= \dfrac{1}{a^2 b^3}\right)$ **13-4.** $\left(\dfrac{b}{a}\right)^2 \times \left(\dfrac{1}{c}\right)^3$ 또는 $\left(\dfrac{b}{a}\right)^2\left(\dfrac{1}{c}\right)^3\left(= \dfrac{b^2}{a^2 c^3}\right)$ **13-5.** $\dfrac{1}{2} \times \left(\dfrac{1}{a}\right)^2 \times \dfrac{1}{b}$ 또는 $\dfrac{1}{2}\left(\dfrac{1}{a}\right)^2\dfrac{1}{b}\left(= \dfrac{1}{2a^2 b}\right)$ **14-1.** 2 **14-2.** 0 **14-3.** 4 **14-4.**

2 **14-5.** 4 **15-1.** a^3 **15-2.** a^7 **15-3.** a^{11} **15-4.** a^6 **15-5.** a^8 **16-1.** a^3 **16-2.** a **16-3.** $a^0(=1)$ **16-4.** a **16-5.** a^3 **17-1.** a^6 **17-2.** a^8 **17-3.** a^{14} **17-4.** a^{54}

17-5. a^{42} **18-1.** a^8 **18-2.** a^3 **18-3.** a^{10} **18-4.** a^7 **18-5.** a^7

01 수와 연산 – 약수와 배수

p 30~31

19-1. (1) 1, 2, 3, 6 (또는 $1, 2, 3, 2 \times 3$) (2) 4개 (3) 12 **19-2.** (1) 1, 2, 4, 8 (또는 $1, 2, 2^2, 2^3$) (2) 4개 (3) 15 **20-1.** (1) 4, 8, 12, $\cdots$, 48/12개 (2) 6, 12, 18, $\cdots$, 48/8개 (3) 16개 **20-2.** (1) 3, 6, 9, $\cdots$, 99/33개 (2) 5, 10, 15, $\cdots$, 100/20개 (3) 47개 **21-1.** (1) 최대공약수 : 1 / 최소공배수 : 36 (2) 공약수 : 1 / 공배수 : 36, 72, $\cdots$ **21-2.** (1) 최대공약수 : 3 / 최소공배수 : 180 (2) 공약수 : 1, 3 / 공배수 : 180, 360, $\cdots$ **21-3.** (1) 최대공약수 : 6 / 최소공배수 : 60 (2) 공약수 : 1, 2, 3, 6 / 공배수 : 60, 120, $\cdots$

01 수와 연산 – 무리수

p 32~39

22-1. $\pm\sqrt{3}$ **22-2.** $\pm\sqrt{5}$ **22-3.** ± 2 **22-4.** 0 **22-5.** $\pm\sqrt{6}$ **22-6.** $\pm 2\sqrt{2}$ **23-1.** 1 **23-2.** 0 **23-3.** $\sqrt{3}$ **23-4.** 2 **23-5.** $\sqrt{7}$ **23-6.** $2\sqrt{3}$ **24-1.** 정수부분 : 1 소수부분 : $\sqrt{3}-1$ **24-2.** 정수부분 : 2 소수부분 : $\sqrt{2}-1$ **24-3.** 정수부분 : 4 소수부분 : $2\sqrt{3}-3$ **24-4.** 정수부분 : 3 소수부분 : $3\sqrt{2}-4$ **24-5.** 정수부분 : -2 소수부분 : $4-\sqrt{11}$ **24-6.** 정수부분 : 1 소수부분 : $3-2\sqrt{2}$ **25-1.** $\sqrt{3} < 2$ **25-2.** $2\sqrt{2} > \sqrt{5}$ **25-3.** $3\sqrt{2} > \sqrt{7}$

25-4. $3\sqrt{2} > 2\sqrt{3}$ **25-5.** $2\sqrt{2} < 3$ **26-1.** $2+\sqrt{3} < 2+\sqrt{5}$ **26-2.** $\sqrt{2}-1 < \sqrt{3}-1$ **26-3.** $\sqrt{3}+2 < 4$ **26-4.** $3\sqrt{3}-3 > \sqrt{3}-1$ **27-1.** $\dfrac{\sqrt{3}}{3}$ **27-2.**

$\dfrac{2\sqrt{3}}{3}$ **27-3.** $-\dfrac{\sqrt{5}}{5}$ **27-4.** $\dfrac{\sqrt{6}}{2}$ **27-5.** $-\dfrac{\sqrt{30}}{3}$ **28-1.** $\dfrac{\sqrt{3}+1}{2}$ **28-2.** $\sqrt{3}-\sqrt{2}$ **28-3.** $2+\sqrt{3}$ **28-4.** $\sqrt{5}-\sqrt{3}$ **28-5.** $3(3+2\sqrt{2})$ **29-1.** $8\sqrt{2}$

29-2. $-\sqrt{5}$ **29-3.** $3\sqrt{3}$ **29-4.** $3\sqrt{2}+2\sqrt{5}$ **29-5.** $3\sqrt{2}+5\sqrt{3}$ **30-1.** $4\sqrt{6}$ **30-2.** $\dfrac{\sqrt{5}}{2}$ **30-3.** 28 **30-4.** $2\sqrt{2}$ **30-5.** 6 **31-1.** 5 **31-2.** -2 **31-3.**

1 **31-4.** 0 **31-5.** $-\sqrt{3}$ **32-1.** (1) $-\sqrt{9},\ 0,\ \sqrt{0.9}$ (2) $-\sqrt{9},\ 0.\dot{3},\ 0,\ \sqrt{0.9}$ (3) $\sqrt{11},\ \sqrt{99}$ **32-2.** (1) -1 (2) $\sqrt{\dfrac{1}{9}},\ 3.1415,\ 0.\dot{4},\ -1$ (3)

$\sqrt{2} \times \sqrt{3},\ \sqrt{32}$ **32-3.** (1) $\sqrt{36},\ 0.\dot{9}$ (2) $\sqrt{0.\dot{1}},\ \sqrt{36},\ 0.\dot{9}$ (3) $\dfrac{\sqrt{3}}{4},\ \sqrt{0.1} \times \sqrt{0.01},\ (\sqrt{3})^3$

02 다항식 – 다항식의 연산

p 40~43

01-1. $6x+8$ **01-2.** $7x+6$ **01-3.** $-2x-1$ **01-4.** $4x-13$ **01-5.** $x-2$ **01-6.** $-2x+6$ **02-1.** $-4x+5$ **02-2.** $2x-3$ **02-3.** $6x-7$ **02-4.** $6x+9$

02-5. $-x+6$ **02-6.** $-5x-6$ **03-1.** $2x^2-6xy$ **03-2.** $2xy+10y^2$ **03-3.** $6y^2-3xy$ **03-4.** $20x^2+15xy$ **03-5.** $-3x^2-2xy$ **03-6.** $-2xy+10x^2$
04-1. $2xy+6xz+y^2+3yz$ **04-2.** $x^2+3xz-xy-3yz$ **04-3.** $3x^2+3xz-2xy-2yz$ **04-4.** $2x^2-5xz-6xy+15yz$ **04-5.** $2xy-xz-4y^2+2yz$
04-6. $2x^2-2xy+xz-yz$

○2 다항식 – 곱셈공식

p 44~49

05-1. $4x^2-y^2$ **05-2.** $9x^2-y^2$ **05-3.** $4x^2-9y^2$ **05-4.** x^2-5y^2 **05-5.** $4x^2-7y^2$ **05-6.** $3x^2-2y^2$ **06-1.** 2496 **06-2.** 2475 **06-3.** 9991 **06-4.** 9919
06-5. 39996 **06-6.** 39936 **07-1.** x^2+2x+1 **07-2.** $4x^2-4x+1$ **07-3.** $9x^2-24x+16$ **07-4.** $x^2-2xy+y^2$ **07-5.** $x^2-6xy+9y^2$
07-6. $16x^2+24xy+9y^2$ **08-1.** 2704 **08-2.** 9409 **08-3.** 2025 **08-4.** 11236 **08-5.** 8281 **08-6.** 6889 **09-1.** (1) 19 (2) $\dfrac{19}{3}$ (3) 13 **09-2.** (1) 36 (2)
$\dfrac{18}{5}$ (3) 56 **09-3.** (1) 3 (2) $\dfrac{15}{4}$ **10-1.** (1) 2 (2) 0 **10-2.** (1) 9 (2) 79 (3) 77 **10-3.** (1) 3 (2) 2

○2 다항식 – 인수분해

p 50~54

11-1. $y(x+1)$ / 1, y, $x+1$, $y(x+1)$ **11-2.** $2(x+2y)$ / 1, 2, $x+2y$, $2(x+2y)$ **11-3.** $xy(x-1)$ / 1, x, y, $x-1$, xy, $x(x-1)$, $y(x-1)$,
$xy(x-1)$ **11-4.** $xy(y-2x)$ / 1, x, y, $y-2x$, xy, $x(y-2x)$, $y(y-2x)$, $xy(y-2x)$ **11-5.** $2x(2-x+2y)$ / 1, 2, x, $2-x+2y$, $2x$, $2(2-x+2y)$,
$x(2-x+2y)$, $2x(2-x+2y)$ **12-1.** 150 **12-2.** 80 **12-3.** 120 **12-4.** 900 **12-5.** 220 **13-1.** $(x+2y)(x-2y)$ / 1, $x+2y$, $x-2y$, $(x+2y)(x-2y)$
13-2. $(x+3y)(x-3y)$ / 1, $x+3y$, $x-3y$, $(x+3y)(x-3y)$ **13-3.** $(2x+3y)(2x-3y)$ / 1, $2x+3y$, $2x-3y$, $(2x+3y)(2x-3y)$
13-4. $(2x+\sqrt{3}\,y)(2x-\sqrt{3}\,y)$ / 1, $2x+\sqrt{3}\,y$, $2x-\sqrt{3}\,y$, $(2x+\sqrt{3}\,y)(2x-\sqrt{3}\,y)$ **13-5.** $(\sqrt{5}\,x+y)(\sqrt{5}\,x-y)$ / 1, $\sqrt{5}\,x+y$, $\sqrt{5}\,x-y$,
$(\sqrt{5}\,x+y)(\sqrt{5}\,x-y)$ **14-1.** 9600 **14-2.** 1200 **14-3.** 4400 **14-4.** 10200 **14-5.** 400 **15-1.** $(x-y)^2$ / 1, $x-y$, $(x-y)^2$ **15-2.** $(x+2y)^2$ / 1, $x+2y$,
$(x+2y)^2$ **15-3.** $(x-3y)^2$ / 1, $x-3y$, $(x-3y)^2$ **15-4.** $(x+1)^2$ / 1, $x+1$, $(x+1)^2$ **15-5.** $(2x-1)^2$ / 1, $2x-1$, $(2x-1)^2$ **16-1.** 10000 **16-2.**
2500 **16-3.** 10000 **16-4.** 2500 **16-5.** 1600 **17-1.** (1) $-x+1$ (2) $-2x^2+x$ (3) $4x-1$ **17-2.** (1) $2x$ (2) $-x$ (3) $-8x$ **17-3.** (1) $2x+1$ (2) $2x$ (3)
$-x-1$

Ⅱ 방정식과 부등식

○3 방정식 – 방정식 정의와 일차 방정식

p 62~64

01-1. (1) ㄴ, ㄷ, ㄹ (2) ㄷ (3) ㄴ **01-2.** (1) ㄱ, ㄴ, ㄷ (2) ㄷ (3) ㄴ **02-1.** ㄴ, ㄷ **02-2.** ㄱ, ㄴ, ㄷ **03-1.** $x=-1$ **03-2.** $x=-2$ **03-3.** $x=-\dfrac{5}{3}$
03-4. $x=-2$ **03-5.** $x=3$ **04-1.** $a=b=0$ **04-2.** $a=0$, $b\neq 0$ **04-3.** $a\neq 0$ **04-4.** $a=1$, $b=0$ **04-5.** $a=0$, $b\neq 1$ **04-6.** $a\neq -1$ **05-1.** $a=1$ **05-2.**
$a=-3$ **05-3.** $a=-2$ **05-4.** $a=5$ **05-5.** $a=1$

○3 방정식 – 연립 방정식

p 65~69

06-1. $x=1$, $y=1$ **06-2.** $x=3$, $y=1$ **06-3.** $x=3$, $y=-1$ **06-4.** $x=2$, $y=-3$ **06-5.** $x=1$, $y=1$ **07-1.** $x=1$, $y=1$ **07-2.** $x=0$, $y=1$ **07-3.**
$x=5$, $y=2$ **07-4.** $x=1$, $y=1$ **07-5.** $x=2$, $y=1$ **08-1.** 해가 많음 **08-2.** 해가 없음 **08-3.** 해가 많음 **08-4.** 해가 없음 **08-5.** 해가 없음 **08-6.** 해
가 없음 **09-1.** $a=-1$ **09-2.** $a\neq -3$ **09-3.** $a=2$ **09-4.** $a=-1$ **09-5.** $a=-1$ **09-6.** $a=2$ **10-1.** $a=-1$, $b=1$ **10-2.** $a=0$, $b=-1$ **10-3.** $a=1$,
$b=-4$ **10-4.** $a=-1$, $b=5$ **10-5.** $a=-2$, $b=-5$ **10-6.** $a=1$, $b=1$

○3 방정식 – 이차 방정식

p 70~79

11-1. $x=-7$, $x=2$ **11-2.** $x=5$, $x=1$ **11-3.** $x=-4$ (중근) **11-4.** $x=-\dfrac{1}{2}$, $x=7$ **11-5.** $x=\dfrac{5}{3}$, $x=-1$ **12-1.** $x=2$, $x=1$ **12-2.** $x=-5$,
$x=-1$ **12-3.** $x=-6$, $x=2$ **12-4.** $x=\dfrac{1}{2}$, $x=2$ **12-5.** $x=-\dfrac{3}{4}$, $x=1$ **13-1.** $x=-1\pm\sqrt{2}$ **13-2.** $x=2\pm\sqrt{2}$ **13-3.** $x=-3\pm\sqrt{7}$ **13-4.**
$x=1\pm\sqrt{5}$ **13-5.** $x=-4\pm\sqrt{14}$ **14-1.** $x=-\dfrac{1}{2}\pm\dfrac{\sqrt{5}}{2}$ **14-2.** $x=-\dfrac{1}{2}\pm\dfrac{\sqrt{13}}{2}$ **14-3.** $x=\dfrac{3}{2}\pm\dfrac{\sqrt{5}}{2}$ **14-4.** $x=-\dfrac{5}{2}\pm\dfrac{\sqrt{29}}{2}$ **14-5.**
$x=-\dfrac{7}{2}\pm\dfrac{\sqrt{29}}{2}$ **15-1.** $x=\dfrac{1}{4}\pm\dfrac{\sqrt{17}}{4}$ **15-2.** $x=-\dfrac{1}{3}\pm\dfrac{\sqrt{7}}{3}$ **15-3.** $x=-\dfrac{3}{4}\pm\dfrac{\sqrt{41}}{4}$ **15-4.** $x=-3\pm\sqrt{11}$ **15-5.** $x=-6\pm\sqrt{33}$ **16-1.** $x=2\pm\sqrt{7}$
16-2. $\dfrac{5\pm\sqrt{21}}{2}$ **16-3.** $x=4\pm\sqrt{11}$ **16-4.** $x=1$, $x=-\dfrac{4}{5}$ **16-5.** $x=\dfrac{-4\pm\sqrt{31}}{3}$ **17-1.** 0개 **17-2.** 2개 **17-3.** 2개 **17-4.** 2개 **17-5.** 0개 **17-6.** 1
개 **18-1.** $\alpha<9$ **18-2.** $\alpha=\dfrac{9}{8}$ **18-3.** $\alpha<-\dfrac{9}{8}$ **18-4.** $\alpha<0$ **18-5.** $\alpha=-\dfrac{4}{3}$ **18-6.** $\alpha>\dfrac{1}{4}$ **19-1.** $\alpha+\beta=2$, $\alpha\beta=2$ **19-2.** $\alpha+\beta=-4$, $\alpha\beta=1$ **19-3.**
$\alpha+\beta=-5$, $\alpha\beta=2$ **19-4.** $\alpha+\beta=\dfrac{4}{3}$, $\alpha\beta=-\dfrac{2}{3}$ **19-5.** $\alpha+\beta=\dfrac{5}{2}$, $\alpha\beta=-\dfrac{2}{3}$ **19-6.** $\alpha+\beta=\dfrac{3}{5}$, $\alpha\beta=-2$ **20-1.** $x^2+x-2=0$ **20-2.** $x^2-3x+2=0$
20-3. $x^2-5x=0$ **20-4.** $x^2-2x+\dfrac{8}{9}=0$ **20-5.** $x^2-2x-1=0$

04 부등식 - 부등식 표현과 일차 부등식

01-1. $x < 1$ 01-2. $x \geq 2$ 01-3. $x \leq 4$ 01-4. $x > -2$ 01-5. $x \leq \dfrac{1}{2}$ 01-6. $x \geq 0$ 02-1. $x < 1,\ x > 2$ 02-2. $0 \leq x < 1$ 02-3. $x \leq -1,\ x \geq 1$

02-4. $x < 0,\ x \geq 3$ 02-5. $-2 \leq x \leq 1$ 02-6. $x \leq -1,\ x > 2$ 03-1. $x < 1$ 03-2. $x \geq -3$ 03-3. $x \leq 3$ 03-4. $x > -4$ 03-5. $x \leq -5$

03-6. $x > \dfrac{1}{2}$ 04-1. $x < -1$ 04-2. $x \geq -\dfrac{3}{2}$ 04-3. $x \geq 2$ 04-4. $x < 2$ 04-5. $x > 6$ 04-6. $x \geq -6$ 05-1. $a = 2$ 05-2. $a = 2$ 05-3. $a = -\dfrac{1}{2}$

05-4. $a = -\dfrac{1}{3}$ 05-5. $a = -1$ 05-6. $a = \dfrac{1}{2}$

04 부등식 - 연립 부등식

06-1. $-2 < x < 1$ 06-2. $1 < x < 3$ 06-3. $-2 \leq x \leq 3$ 06-4. $-3 < x \leq \dfrac{1}{2}$ 06-5. $-\dfrac{1}{2} \leq x \leq \dfrac{1}{2}$ 06-6. $1 \leq x \leq 4$ 07-1. 해가 없음 07-2. 해가 없

음 07-3. 해가 없음 07-4. 해가 없음 07-5. 해가 없음 07-6. 해가 없음 08-1. $x = -1$ 08-2. $x = 2$ 08-3. $x = 2$ 08-4. $x = 3$ 08-5. $x = -\dfrac{1}{2}$

08-6. $x = 2$ 09-1. $x < -2$ 09-2. $x \geq 3$ 09-3. $x \geq 2$ 09-4. $x < -\dfrac{1}{2}$ 09-5. $x \geq 4$ 09-6. $x > \dfrac{3}{2}$ 10-1. $a = 2,\ b = 2$ 10-2. $a = 4,\ b = -2$

10-3. $a = -1,\ b = 0$ 10-4. $a = -5,\ b = 4$ 10-5. $a = 5,\ b = -1$ 11-1. $a \geq 0$ 11-2. $a \geq 1$ 11-3. $a \leq 0$ 11-4. $a \geq 2$ 11-5. $a < -3$ 12-1. $0 < a \leq 1$

12-2. $0 < a \leq 1$ 12-3. $2 \leq a < 3$ 12-4. $-7 \leq a < -5$ 12-5. $8 \leq a < 10$

Ⅲ 함수와 규칙

05 함수 - 좌표 평면과 일차 함수

01-1. $(-1, 2)$ / 제 2사분면 01-2. $(1, -1)$ / 제 4사분면 01-3. $(-3, -1)$ / 제 3사분면 01-4. $(1, 0)$ / X 01-5. $(0, 3)$ / X 01-6. $(-1, -3)$ / 제 3

사분면 02-1. 풀이참조 02-2. 풀이참조 02-3. 풀이참조 02-4. 풀이참조 02-5. 풀이참조 02-6. 풀이참조 03-1. $y = x - 1$ 03-2. $y = 2x - 2$

03-3. $y = -x + 1$ 03-4. $y = -x - 2$ 03-5. $y = \dfrac{1}{2}x - 2$ 03-6. $y = -2x + 2$ 04-1. $y = x - 1$ 04-2. $y = x + 2$ 04-3. $y = x + 2$ 04-4. $y = x - 2$

04-5. $y = -x + 2$ 04-6. $y = 2x - 1$ 05-1. $y = -x$ 05-2. $y = x + 2$ 05-3. $y = -2x$ 05-4. $y = 2x$ 05-5. $y = \dfrac{1}{2}x - 1$ 05-6. $y = -\dfrac{1}{3}x + 2$

06-1. $a = 3,\ b \neq -1$ 06-2. $a = 2,\ b = -1$ 06-3. $a \neq 1$ 06-4. $a = 1,\ b \neq 3$ 06-5. $a = -1,\ b = 2$ 06-6. $a \neq -\dfrac{1}{2}$

05 함수 - 이차 함수

07-1. $(-2, -4)$ 07-2. $(2, -8)$ 07-3. $\left(\dfrac{1}{2}, \dfrac{3}{4}\right)$ 07-4. $\left(\dfrac{5}{2}, -\dfrac{29}{4}\right)$ 07-5. $(-1, 1)$ 07-6. $(3, 4)$ 08-1. $(1, 0),\ (2, 0)$ 08-2. $(1, 0),\ (3, 0)$ 08-3. $(1, 0)$

08-4. $\left(-\dfrac{1}{2}, 0\right),\ (3, 0)$ 08-5. $-\dfrac{2}{3}, 0),\ (1, 0)$ 08-6. $\left(-\dfrac{2}{3}, 0\right),\ (3, 0)$ 09-1. 풀이참조 09-2. 풀이참조 09-3. 풀이참조 09-4. 풀이참조 09-5. 풀이참조

09-6. 풀이참조 10-1. 풀이참조 10-2. 풀이참조 10-3. 풀이참조 10-4. 풀이참조 10-5. 풀이참조 10-6. 풀이참조 11-1. $y = (x - 1)^2$

11-2. $y = x^2 + 1$ 11-3. $y = (x - 1)^2 + 1$ 11-4. $y = -(x + 1)^2$ 11-5. $y = \dfrac{1}{2}(x - 1)^2 + 1$ 11-6. $y = -\dfrac{1}{4}(x + 2)^2 - 1$ 12-1. $y = (x - 1)^2$ 12-2. $y = x(x - 2)$

12-3. $y = -(x + 2)(x - 2)$ 12-4. $y = -(x - 1)^2$ 12-5. $y = 2(x - 1)(x - 3)$ 12-6. $y = \dfrac{1}{2}(x + 1)(x - 2)$ 13-1. $y = (x - 1)^2$ 13-2. $y = (x + 1)^2$

13-3. $y = (x + 1)^2 + 2$ 13-4. $y = (x - 2)^2 + 3$ 13-5. $y = -(x - 2)^2 + 1$ 13-6. $y = -\dfrac{1}{2}(x + 2)^2 - 1$ 14-1. $y = (x - 1)(x - 2)$ 14-2. $y = (x + 1)(x + 3)$

14-3. $y = -(x + 1)(x - 1)$ 14-4. $y = 2(x - 2)(x - 3)$ 14-5. $y = \dfrac{1}{2}x(x - 3)$ 14-6. $y = -2(x + 3)(x + 4)$ 15-1. $y = x^2 - 1$ 15-2. $y = x^2 + 2$

15-3. $y = -x^2 + 2$ 15-4. $y = 2x^2 - 2$ 15-5. $y = -\dfrac{1}{2}x^2 + 2$ 15-6. $y = 3x^2 - 3$ 16-1. $y = (x + 1)^2$ 16-2. $y = (x - 2)^2$ 16-3. $y = -(x + 2)^2$ 16-4. $y = x^2$

16-5. $y = 2(x + 2)^2$ 16-6. $y = -\dfrac{1}{2}(x + 1)^2$ 17-1. $y = (x + 1)^2 - 1$ 17-2. $y = -(x - 1)^2 - 2$ 17-3. $y = (x - 1)^2 + 3$ 17-4. $y = (x + 1)^2 - 1$

17-5. $y = (x - 2)^2 + 2$ 17-6. $y = 2(x - 1)^2 - 2$ 18-1. $y = x^2$ 18-2. $y = -x^2 - 1$ 18-3. $y = -(x - 1)^2$ 18-4. $y = \dfrac{1}{2}(x + 1)^2$ 18-5. $y = -(x + 1)^2 - 1$

18-6. $y = -2(x + 2)^2 + 1$ 19-1. $y = x^2$ 19-2. $y = -x^2 - 1$ 19-3. $y = (x - 1)^2$ 19-4. $y = -(x + 1)^2 - 1$ 19-5. $y = 2(x + 2)^2 - 1$

19-6. $y = -\dfrac{1}{2}(x - 3)^2 + 1$ 20-1. -3 20-2. 11 20-3. 4 20-4. 3 20-5. 6 21-1. $x = \dfrac{3}{2}$, 최솟값 $\dfrac{3}{4}$ 21-2. $x = 2$, 최댓값 2 21-3. $x = 1$, 최솟값 1

21-4. $x = 2$, 최댓값 11 21-5. $x = 2$, 최솟값 3 21-6. $x = -3$, 최댓값 13 22-1. 0개 22-2. 1개 22-3. 2개 22-4. 1개 22-5. 0개 22-6. 2개

O6 규칙 – 규칙 찾기

01-1. 처음 흰색 이후 회→검 반복 / 회색 **01-2.** 파→흰→검 반복 / 파란색 **01-3.** 흰 2개→회 2개→파 2개 반복 / 회색 **01-4.** 흰→회→회→검 반복 / 검정색 **01-5.** 흰→회→파→파→회 반복 / 회색 **02-1.** ㄱ 모양대로 구슬이 하나씩 늘어남 / 그림참조 / 13개 **02-2.** ■ 모양대로 구슬이 하나씩 늘어남 / 그림참조 / 49개 **02-3.** + 모양대로 구슬이 하나씩 늘어남 / 그림참조 / 25개 **02-4.** □ 모양대로 홀수개씩 늘어남 / 그림참조 / 48개 **02-5.** x 모양대로 구슬 하나씩 늘어남 / 그림참조 / 25개 **03-1.** 풀이참조 **03-2.** 풀이참조 **03-3.** 풀이참조 **04-1.** 풀이참조 / 20 / 77 **04-2.** 풀이참조 / 19 / 70 **04-3.** 풀이참조 / 128 / 254 **04-4.** 풀이참조 / 729 / 1093 **04-5.** 풀이참조 / 23 / 70 **04-6.** 풀이참조 / 365 / 550

IV 도형

O7 도형 – 삼각형

01-1. 삼각형이 될 수 없음 **01-2.** 삼각형이 될 수 있음 **01-3.** 삼각형이 될 수 없음 **01-4.** 삼각형이 될 수 있음 **01-5.** 삼각형이 될 수 있음 **01-6.** 삼각형이 될 수 있음 **02-1.** $\angle C$가 직각인 직각 삼각형 **02-2.** $a=b$이고 $\angle C$가 둔각인 이등변 삼각형 **02-3.** 정 삼각형 **02-4.** $\angle C$가 직각인 직각 삼각형 **02-5.** $\angle C$가 직각인 직각 삼각형 **02-6.** $a=b$이고 $\angle C$가 직각인 직각 이등변 삼각형 **03-1.** 2 **03-2.** $\sqrt{3}$ **03-3.** 1 **03-4.** 1 **03-5.** 9 **03-6.** $2\sqrt{2}$

O7 도형 – 사각형

04-1. 네 변 / 네 내각 **04-2.** 네 내각 **04-3.** 네 변 **04-4.** 두 쌍 / 평행한 **04-5.** 한 쌍 / 평행한 **05-1.** 길이 **05-2.** 이등분 **05-3.** 수직이등분 **05-4.** 길이 / 이등분 **05-5.** 길이 / 수직이등분

O7 도형 – 원과 부채꼴

06-1. (원의) 중심 / 반지름 / 평면 **06-2.** 반지름 / (원의) 중심 **06-3.** 호 / 현 **07-1.** 25π / 10π **07-2.** $\frac{1}{4}\pi$ / π **07-3.** 2π / $2\sqrt{2}\pi$ **07-4.** $\frac{1}{8}\pi$ / $\frac{1}{4}\pi$ **07-5.** $\frac{1}{27}\pi$ / $\frac{2}{9}\pi$ **07-6.** $\frac{1}{2}\pi$ / $\frac{\sqrt{3}}{3}$ **07-7.** 1 **07-8.** 6 **07-9.** $\frac{3}{2}$

01 수와 연산 - 정수와 유리수

수와 식

p.18~25

01-1. 정답 : (1) 정수 : -1.0, 3, $\dfrac{4}{2}$, 0

　　　　　　(2) 정수가 아닌 유리수 : $0.2\dot{1}$

(1) 정수 : -1.0, 3, $\dfrac{4}{2}$, 0

* $-1.0 = -1$, $\dfrac{4}{2} = 2$

(2) 정수가 아닌 유리수 : $0.2\dot{1}$

* $0.2\dot{1} = \dfrac{21-2}{90} = \dfrac{19}{90}$

01-2. 정답 : (1) 정수 : $0.\dot{9}$

　　　　　　(2) 정수가 아닌 유리수 : -1.01, $0.1212\cdots$, $\dfrac{1}{3}$, $0.\dot{1}$

(1) 정수 : $0.\dot{9}$

* $0.\dot{9} = \dfrac{9}{9} = 1$

(2) 정수가 아닌 유리수 : -1.01, $0.1212\cdots$, $\dfrac{1}{3}$, $0.\dot{1}$

* $0.1212\cdots = 0.\dot{1}\dot{2} = \dfrac{12}{99} = \dfrac{4}{33}$, $0.\dot{1} = \dfrac{1}{9}$

02-1. 정답 : $\dfrac{1}{2}$

2의 역수 → $\dfrac{1}{2}$

02-2. 정답 : $-\dfrac{1}{3}$

-3의 역수 → $-\dfrac{1}{3}$

02-3. 정답 : $\dfrac{3}{4}$

$\dfrac{4}{3}$의 역수 → $\dfrac{3}{4}$

02-4. 정답 : $\dfrac{6}{5}$

$\dfrac{5}{6}$의 역수 → $\dfrac{6}{5}$

02-5. 정답 : $-\dfrac{5}{3}$

$-\dfrac{3}{5}$의 역수 → $-\dfrac{5}{3}$

03-1. 정답 : $-\dfrac{1}{3} > -\dfrac{1}{2}$

(풀이)

$\dfrac{1}{3} = \dfrac{2}{6}$ 이고 $\dfrac{1}{2} = \dfrac{3}{6}$ 이므로 $\dfrac{2}{6} < \dfrac{3}{6}$ 입니다.

따라서 $-\dfrac{2}{6} > -\dfrac{3}{6}$ 입니다.

그러므로 $-\dfrac{1}{3} > -\dfrac{1}{2}$ 입니다.

03-2. 정답 : $\dfrac{11}{6} < 2$

(풀이)

$2 = \dfrac{12}{6}$ 이므로　$\dfrac{11}{6} < \dfrac{12}{6}$ 입니다. 따라서 $\dfrac{11}{6} < 2$ 입니다.

03-3. 정답 : $\dfrac{9}{4} < 2.4 < \dfrac{13}{5}$

(풀이)

$2.4 = \dfrac{24}{10} = \dfrac{48}{20}$ 이고 $\dfrac{9}{4} = \dfrac{45}{20}$ 또한 $\dfrac{13}{5} = \dfrac{52}{20}$ 이므로

$\dfrac{45}{20} < \dfrac{48}{20} < \dfrac{52}{20}$ 입니다.

따라서 $\dfrac{9}{4} < 2.4 < \dfrac{13}{5}$ 입니다.

03-4. 정답 : $-\dfrac{4}{3} < -1.3 < -\dfrac{7}{6}$

(풀이)

$\dfrac{4}{3} = \dfrac{40}{30}$ 이고 $1.3 = \dfrac{13}{10} = \dfrac{39}{30}$ 또한 $\dfrac{7}{6} = \dfrac{35}{30}$ 이므로

$\dfrac{40}{30} > \dfrac{39}{30} > \dfrac{35}{30}$ 입니다. 따라서 $-\dfrac{40}{30} < -\dfrac{39}{30} < -\dfrac{35}{30}$

그러므로 $-\dfrac{4}{3} < -1.3 < -\dfrac{7}{6}$ 입니다.

04-1. 정답 : 3

(풀이)

$|-3| = 3$

04-2. 정답 : 4

(풀이)

$|4| = 4$

04-3. 정답 : 1.6

(풀이)

$|-1.6| = 1.6$

04-4. 정답 : 0

(풀이)

$|0| = 0$

04-5. 정답 : $\dfrac{1}{2}$

(풀이)

$\left| +\dfrac{1}{2} \right| = \dfrac{1}{2}$

04-6. 정답 : $\dfrac{4}{7}$

(풀이)

$\left|-\dfrac{4}{7}\right| = \dfrac{4}{7}$

05-1. 정답 : $-3, 3$

(풀이)

$|-3|=|+3|=3$이므로 절댓값이 3인 수 : $-3, 3$

05-2. 정답 : $-4, 4$

(풀이)

$|-4|=|+4|=4$이므로 절댓값이 4인 수 : $-4, 4$

05-3. 정답 : $-1.6, 1.6$

(풀이)

$|-1.6|=|+1.6|=1.6$이므로 절댓값이 1.6인 수 : $-1.6, 1.6$

05-4. 정답 : 0

(풀이)

$|0|=0$이므로 절댓값이 0인 수 : 0

05-5. 정답 : $-\dfrac{1}{2}, \dfrac{1}{2}$

(풀이)

$\left|-\dfrac{1}{2}\right|=\left|+\dfrac{1}{2}\right|=\dfrac{1}{2}$ 이므로 절댓값이 $\dfrac{1}{2}$인 수 : $-\dfrac{1}{2}, \dfrac{1}{2}$

05-6. 정답 : $-\dfrac{4}{7}, \dfrac{4}{7}$

(풀이)

$\left|-\dfrac{4}{7}\right|=\left|+\dfrac{4}{7}\right|=\dfrac{4}{7}$ 이므로 절댓값이 $\dfrac{4}{7}$인 수 : $-\dfrac{4}{7}, \dfrac{4}{7}$

06-1. 정답 : 4

(풀이)

$\begin{aligned} 준\,식 &= (-3)+3+4 \\ &= \{(-3)+3\}+4 \\ &= 0+4 = 4 \end{aligned}$

06-2. 정답 : 6

(풀이)

$\begin{aligned} 준\,식 &= 3+(-3)+4+2 \\ &= \{3+(-3)\}+(4+2) \\ &= 0+6 = 6 \end{aligned}$

06-3. 정답 : 10

(풀이)

$준\,식 = (-5)+5+4+6$

$\begin{aligned} &= \{(-5)+5\}+(4+6) \\ &= 0+10 = 10 \end{aligned}$

06-4. 정답 : -1

(풀이)

$\begin{aligned} 준\,식 &= \left(-\dfrac{5}{6}\right)+\dfrac{11}{6}+(-2) \\ &= \left\{\left(-\dfrac{5}{6}\right)+\dfrac{11}{6}\right\}+(-2) \\ &= 1+(-2) = -1 \end{aligned}$

06-5. 정답 : 1

(풀이)

$\begin{aligned} 준\,식 &= \dfrac{1}{6}+\left(-\dfrac{7}{6}\right)+4+(-2) \\ &= \left\{\dfrac{1}{6}+\left(-\dfrac{7}{6}\right)\right\}+\{4+(-2)\} \\ &= (-1)+2 = 1 \end{aligned}$

06-6. 정답 : 5

(풀이)

$\begin{aligned} 준\,식 &= \dfrac{1}{4}+\left(-\dfrac{5}{4}\right)+\dfrac{6}{5}+\dfrac{24}{5} \\ &= \left\{\dfrac{1}{4}+\left(-\dfrac{5}{4}\right)\right\}+\left(\dfrac{6}{5}+\dfrac{24}{5}\right) \\ &= (-1)+6 = 5 \end{aligned}$

07-1. 정답 : -6

(풀이)

$\begin{aligned} 준\,식 &= 4\times(-3)\times\dfrac{1}{2} \\ &= 4\times\dfrac{1}{2}\times(-3) \\ &= \left(4\times\dfrac{1}{2}\right)\times(-3) \\ &= 2\times(-3) = -6 \end{aligned}$

07-2. 정답 : -6

(풀이)

$\begin{aligned} 준\,식 &= 15\times2\times\left(-\dfrac{1}{5}\right) \\ &= 15\times\left(-\dfrac{1}{5}\right)\times2 \\ &= \left\{15\times\left(-\dfrac{1}{5}\right)\right\}\times2 \\ &= (-3)\times2 = -6 \end{aligned}$

07-3. 정답 : $-\dfrac{2}{5}$

(풀이)

$\begin{aligned} 준\,식 &= 6\times\left(-\dfrac{1}{5}\right)\times\dfrac{1}{3} \\ &= 6\times\dfrac{1}{3}\times\left(-\dfrac{1}{5}\right) \end{aligned}$

$$= \left(6 \times \frac{1}{3}\right) \times \left(-\frac{1}{5}\right)$$

$$= 2 \times \left(-\frac{1}{5}\right) = -\frac{2}{5}$$

07-4. 정답 : $\frac{4}{5}$

(풀이)

$$\text{준 식} = \frac{3}{7} \times \frac{2}{5} \times \frac{14}{3}$$

$$= \frac{3}{7} \times \frac{14}{3} \times \frac{2}{5}$$

$$= \left(\frac{3}{7} \times \frac{14}{3}\right) \times \frac{2}{5}$$

$$= 2 \times \frac{2}{5} = \frac{4}{5}$$

07-5. 정답 : 15

(풀이)

$$\text{준 식} = 4 \times 3 \times \frac{5}{4}$$

$$= 4 \times \frac{5}{4} \times 3$$

$$= \left(4 \times \frac{5}{4}\right) \times 3$$

$$= 5 \times 3 = 15$$

07-6. 정답 : $-\frac{8}{5}$

(풀이)

$$\text{준 식} = (-6) \times \frac{7}{5} \times \frac{4}{3} \times \frac{1}{7}$$

$$= (-6) \times \frac{4}{3} \times \frac{7}{5} \times \frac{1}{7}$$

$$= \left\{(-6) \times \frac{4}{3}\right\} \times \left(\frac{7}{5} \times \frac{1}{7}\right)$$

$$= (-8) \times \frac{1}{5} = -\frac{8}{5}$$

08-1. 정답 : 13

(풀이)

$$\text{준 식} = 20 \times \frac{2}{5} + 20 \times \frac{1}{4}$$

$$= 8 + 5 = 13$$

08-2. 정답 : 7

(풀이)

$$\text{준 식} = 7 \times \left(\frac{1}{3} + \frac{2}{3}\right)$$

$$= 7 \times 1 = 7$$

08-3. 정답 : 5

(풀이)

$$\text{준 식} = 21 \times \frac{4}{7} - 21 \times \frac{1}{3}$$

$$= 12 - 7 = 5$$

08-4. 정답 : -5

(풀이)

$$\text{준 식} = \left\{\left(-\frac{1}{4}\right) + \left(-\frac{3}{4}\right)\right\} \times 5$$

$$= (-1) \times 5 = -5$$

08-5. 정답 : 9

(풀이)

$$\text{준 식} = \frac{1}{7} \times (-35) - \frac{2}{5} \times (-35)$$

$$= -5 + 14 = 9$$

08-6. 정답 : -10

(풀이)

$$\text{준 식} = \left\{\left(-\frac{11}{4}\right) + \frac{3}{4}\right\} \times 5$$

$$= (-2) \times 5 = -10$$

09-1. 정답 : $\frac{5}{18}$

(풀이)

$$\text{준 식} = \frac{5 \times 1}{3 \times 6} = \frac{5}{18}$$

09-2. 정답 : $\frac{3}{2}$

(풀이)

$$\text{준 식} = \frac{2 \times 3}{1 \times 4} = \frac{1 \times 3}{1 \times 2} = \frac{3}{2}$$

09-3. 정답 : $\frac{10}{3}$

(풀이)

$$\text{준 식} = \frac{2 \times 5}{1 \times 3} = \frac{10}{3}$$

09-4. 정답 : $\frac{6}{7}$

(풀이)

$$\text{준 식} = \frac{8 \times 3}{7 \times 4} = \frac{2 \times 3}{7 \times 1} = \frac{6}{7}$$

09-5. 정답 : $\frac{8}{5}$

(풀이)

$$\text{준 식} = \frac{12 \times 14}{7 \times 15} = \frac{4 \times 2}{1 \times 5} = \frac{8}{5}$$

09-6. 정답 : $\frac{4}{3}$

(풀이)

$$\text{준 식} = \frac{\frac{1}{1}}{\frac{3}{4}} = \frac{4 \times 1}{3 \times 1} = \frac{4}{3}$$

10-1. 정답 : -1

(풀이)

준 식 $= 1 - \dfrac{1}{\dfrac{1}{2}}$

$\qquad = 1 - 2 = -1$

10-2. 정답 : $-\dfrac{1}{2}$

(풀이)

준 식 $= 1 - \dfrac{1}{\dfrac{2}{3}}$

$\qquad = 1 - \dfrac{3}{2} = -\dfrac{1}{2}$

10-3. 정답 : $\dfrac{7}{4}$

(풀이)

준 식 $= 1 + \dfrac{1}{\dfrac{4}{3}}$

$\qquad = 1 + \dfrac{3}{4} = \dfrac{7}{4}$

10-4. 정답 : $\dfrac{8}{5}$

(풀이)

준 식 $= 1 + \dfrac{1}{1 + \dfrac{1}{\dfrac{3}{2}}}$

$\qquad = 1 + \dfrac{1}{1 + \dfrac{2}{3}}$

$\qquad = 1 + \dfrac{1}{\dfrac{5}{3}}$

$\qquad = 1 + \dfrac{3}{5} = \dfrac{8}{5}$

10-5. 정답 : 2

(풀이)

준 식 $= 1 - \dfrac{1}{1 - \dfrac{1}{\dfrac{1}{2}}}$

$\qquad = 1 - \dfrac{1}{1 - 2}$

$\qquad = 1 - (-1) = 2$

---

01 수와 연산 – 거듭제곱 표현과 지수법칙

수와 식

p.26~29

11-1. 정답 : a^3

11-2. 정답 : $a^2 \times b^3 (= a^2 b^3)$

11-3. 정답 : $a^3 \times b^3 (= a^3 b^3)$

11-4. 정답 : $a^3 \times b^2 \times c (= a^3 b^2 c)$

11-5. 정답 : $2^3 \times a^2 \times b \times c^2 (= 2^3 a^2 b c^2)$

(풀이)

준 식 $= c \times 2^2 \times a \times a \times 2 \times b \times c \quad = 2^3 \times a^2 \times b \times c^2 (= 2^3 a^2 b c^2)$

12-1. 정답 : $\dfrac{1}{a^3}$

12-2. 정답 : $\dfrac{1}{a^2 \times b^3} \left(= \dfrac{1}{a^2 b^3} \right)$

12-3. 정답 : $\dfrac{1}{a \times b^3} \left(= \dfrac{1}{a b^3} \right)$

(풀이)

준 식 $= \dfrac{1}{a \times b \times b \times b} = \dfrac{1}{a \times b^3} \left(= \dfrac{1}{a b^3} \right)$

12-4. 정답 : $\dfrac{1}{a^2 \times b} \left(= \dfrac{1}{a^2 b} \right)$

(풀이)

준 식 $= \dfrac{1}{b \times a \times a} = \dfrac{1}{a^2 \times b} \left(= \dfrac{1}{a^2 b} \right)$

12-5. 정답 : $\dfrac{b}{a^3 \times c} \left(= \dfrac{b}{a^3 c} \right)$

(풀이)

준 식 $= \dfrac{b}{a \times c \times a \times a} = \dfrac{b}{a^3 \times c} \left(= \dfrac{b}{a^3 c} \right)$

13-1. 정답 : $\left(\dfrac{1}{a} \right)^3 \left(= \dfrac{1}{a^3} \right)$

13-2. 정답 : $\left(\dfrac{1}{a} \right)^3 \times \left(\dfrac{1}{b} \right)^2$ 또는 $\left(\dfrac{1}{a} \right)^3 \left(\dfrac{1}{b} \right)^2 \left(= \dfrac{1}{a^3 b^2} \right)$

13-3. 정답 : $\left(\dfrac{1}{a} \right)^2 \times \left(\dfrac{1}{b} \right)^3$ 또는 $\left(\dfrac{1}{a} \right)^2 \left(\dfrac{1}{b} \right)^3 \left(= \dfrac{1}{a^2 b^3} \right)$

13-4. 정답 : $\left(\dfrac{b}{a} \right)^2 \times \left(\dfrac{1}{c} \right)^3$ 또는 $\left(\dfrac{b}{a} \right)^2 \left(\dfrac{1}{c} \right)^3 \left(= \dfrac{b^2}{a^2 c^3} \right)$

13-5. 정답 : $\dfrac{1}{2} \times \left(\dfrac{1}{a} \right)^2 \times \dfrac{1}{b}$ 또는 $\dfrac{1}{2} \left(\dfrac{1}{a} \right)^2 \dfrac{1}{b} \left(= \dfrac{1}{2 a^2 b} \right)$

(풀이)

준 식 $= \dfrac{1}{2} \times \dfrac{1}{a} \times \dfrac{1}{b} \times \dfrac{1}{a} = \dfrac{1}{2} \times \left(\dfrac{1}{a} \right)^2 \times \dfrac{1}{b}$ 또는 $\dfrac{1}{2} \left(\dfrac{1}{a} \right)^2 \dfrac{1}{b}$

14-1. 정답 : 2

풀이)

$9 = 3^2 = 3^\square \quad \therefore \ \square = 2$

14-2. 정답 : 0

(풀이)

$1 = 2^0 = 2^\square \quad \therefore \ \square = 0$

14-3. 정답 : 4

(풀이)

$243 = 3^5 = 3^{\square + 1}$ 이므로 $\square + 1 = 5$ 입니다.

$$\therefore \quad \square = 4$$

14-4. 정답 : 2

(풀이)

$625 = 5^4 = 5^{2 \times \square}$ 이므로 $2 \times \square = 4$ 입니다.

$$\therefore \quad \square = 2$$

14-5. 정답 : 4

(풀이)

$4 \times 2^{\square} = 64 \quad \rightarrow \quad 2^{\square} = 16 = 2^4$

$$\therefore \quad \square = 4$$

15-1. 정답 : a^3

(풀이)

준 식 $= a^{1+2} = a^3$

15-2. 정답 : a^7

(풀이)

준 식 $= a^{2+5} = a^7$

15-3. 정답 : a^{11}

(풀이)

준 식 $= a^{4+7} = a^{11}$

15-4. 정답 : a^6

(풀이)

준 식 $= a^{1+2+3} = a^6$

15-5. 정답 : a^8

(풀이)

준 식 $= a^{2+5+1} = a^8$

16-1. 정답 : a^3

(풀이)

준 식 $= a^{4-1} = a^3$

16-2. 정답 : a

(풀이)

준 식 $= a^{3-2} = a$

16-3. 정답 : $a^0 (=1)$

(풀이)

준 식 $= a^{2-2} = a^0 (=1)$

16-4. 정답 : a

(풀이)

준 식 $= a^{5-3-1} = a$

16-5. 정답 : a^3

(풀이)

준 식 $= a^{9-4-2} = a^3$

17-1. 정답 : a^6

(풀이)

준 식 $= a^{2 \times 3} = a^6$

17-2. 정답 : a^8

(풀이)

준 식 $= a^{4 \times 2} = a^8$

17-3. 정답 : a^{14}

(풀이)

준 식 $= a^{2 \times 7} = a^{14}$

17-4. 정답 : a^{54}

(풀이)

준 식 $= a^{3 \times 9 \times 2} = a^{54}$

17-5. 정답 : a^{42}

(풀이)

준 식 $= a^{7 \times 3 \times 2} = a^{42}$

18-1. 정답 : a^8

(풀이)

준 식 $= a^{3 \times 2} \times a^2 = a^6 \times a^2 = a^{6+2} = a^8$

18-2. 정답 : a^3

(풀이)

준 식 $= a^{3 \times 2} \div a^3 = a^6 \div a^3 = a^{6-3} = a^3$

18-3. 정답 : a^{10}

(풀이)

준 식 $= a^{2 \times 2} \times a^{3 \times 2} = a^4 \times a^6 = a^{4+6} = a^{10}$

18-4. 정답 : a^7

(풀이)

준 식 $= a^{5 \times 3} \div a^{2 \times 4} = a^{15} \div a^8 = a^{15-8} = a^7$

18-5. 정답 : a^7

(풀이)

준 식 $= a^{4\times3} \div a^{3\times2} \times a = a^{12} \div a^6 \times a = a^{12-6+1} = a^7$

p.30~31

19-1. 정답 : (1) 1, 2, 3, 6 (또는 1, 2, 3, 2×3) (2) 4개 (3) 12

(풀이) $6 = 2 \times 3$

6의 약수 : 1, 2, 3, 6 (또는 1, 2, 3, 2×3)

6의 약수 개수 : $(1+1)(1+1) = 4$개

6의 약수들의 합 : $(1+2)(1+3) = 12$

19-2. 정답 : (1) 1, 2, 4, 8 (또는 1, 2, 2^2, 2^3) (2) 4개 (3) 15

(풀이) $8 = 2^3$

8의 약수 : 1, 2, 4, 8 (또는 1, 2, 2^2, 2^3)

8의 약수 개수 : $3+1 = 4$개

8의 약수들의 합 : $1+2+2^2+2^3 = 15$

20-1. 정답 : (1) 4, 8, 12, …, 48/12개 (2) 6, 12, 18, …, 48/8개

(3) 16개

(풀이)

(1) 4의 배수와 개수

4의 배수 : 4, 8, 12, …, 48

4의 배수 개수 : 12개(50을 4로 나눈 몫이 12이므로)

(2) 6의 배수와 개수

6의 배수 : 6, 12, 18, …, 48

6의 배수 개수 : 8개(50을 6으로 나눈 몫이 8이므로)

(3) 4 또는 6의 배수의 개수 : 16개

4의 배수 개수+6의 배수 개수−12의 배수 개수 : $12+8-4=16$

* 4와 6의 공통인 배수 : 12의 배수(12, 24, 36, 48)

12 배수의 개수 : 4개

20-2. 정답 : (1) 3, 6, 9, …, 99/33개 (2) 5, 10, 15, …, 100/20개

(3) 47개

(풀이)

(1) 3의 배수와 개수

3의 배수 : 3, 6, 9, …, 99

3의 배수 개수 : 33개(100을 3로 나눈 몫이 33이므로)

(2) 5의 배수와 개수

5의 배수 : 5, 10, 15, …, 100

5의 배수 개수 : 20개(100을 5로 나눈 몫이 20이므로)

(3) 3 또는 5의 배수와 개수 : 47개

3의 배수 개수+5의 배수 개수−15의 배수 개수 : $33+20-6=47$

* 3과 5의 공통인 배수 : 15의 배수(15, 30, …, 90)

15 배수의 개수 : 6개

21-1. 정답 : (1) 최대공약수 : 1 / 최소공배수 : 36

(2) 공약수 : 1 / 공배수 : 36, 72, …

(풀이)

(1)
```
2) 4  6  9        2) 2²   2×3  3²
3) 2  3  9        3) 2     3   3²
   2  1  3           2     1   3
```
∴ 최대공약수 : 1, 최소공배수 : 36

(2) 공약수 : 최대공약수가 1이므로 공약수는 1입니다.

공배수 : 최소공배수가 36이므로 공배수는 36, 72, … 입니다.

21-2. 정답 : (1) 최대공약수 : 3 / 최소공배수 : 180

(2) 공약수 : 1, 3 / 공배수 : 180, 360, …

(풀이)

(1)
```
3) 12  15  18      3) 2²×3  3×5  2×3²
2)  4   5   6      2)  2²    5   2×3
    2   5   3          2     5    3
```
∴ 최대공약수 : 3, 최소공배수 : 180

(2) 공약수 : 최대공약수가 3이므로 공약수는 1, 3입니다.

공배수 : 최고공배수가 180이므로 공배수는 180, 360, … 입니다.

21-3. 정답 : (1) 최대공약수 : 6 / 최소공배수 : 60

(2) 공약수 : 1, 2, 3, 6 / 공배수 : 60, 120, …

(풀이)

(1)
```
2) 12  30  60     2×3) 2²×3  2×3×5  2²×3×5
3)  6  15  30        2)  2     5    2×5
2)  2   5  10        5)  1     5     5
5)  1   5   5            1     1     1
    1   1   1
```
∴ 최대공약수 : 6, 최소공배수 : 60

(2) 공약수 : 최대공약수가 6이므로 공약수는 1, 2, 3, 6입니다.

공배수 : 최고공배수가 60이므로 공배수는 60, 120, … 입니다.

p.32~39

22-1. 정답 : $\pm\sqrt{3}$

$x^2 = 3 \rightarrow x = \pm\sqrt{3}$

∴ 3의 제곱근 : $\pm\sqrt{3}$

22-2. 정답 : $\pm\sqrt{5}$

$x^2 = 5 \rightarrow x = \pm\sqrt{5}$

∴ 5의 제곱근 : $\pm\sqrt{5}$

22-3. 정답 : ±2

$x^2 = 4 \rightarrow x = \pm\sqrt{4} = \pm2$

∴ 4의 제곱근 : ±2

22-4. 정답 : 0

$x^2 = 0 \rightarrow x = 0$

∴ 0의 제곱근 : 0

22-5. 정답 : $\pm\sqrt{6}$

$x^2 = 6 \rightarrow x = \pm\sqrt{6}$

∴ 6의 제곱근 : $\pm\sqrt{6}$

22-6. 정답 : $\pm2\sqrt{2}$

$x^2 = 8 \rightarrow x = \pm\sqrt{8} = \pm2\sqrt{2}$

∴ 8의 제곱근 : $\pm2\sqrt{2}$

23-1. 정답 : 1

$\sqrt{1} = 1$이므로

∴ 제곱근 1 : 1

23-2. 정답 : 0

$\sqrt{0} = 0$이므로

∴ 제곱근 0 : 0

23-3. 정답 : $\sqrt{3}$

∴ 제곱근 3 : $\sqrt{3}$

23-4. 정답 : 2

$\sqrt{4} = 2$이므로

∴ 제곱근 4 : 2

23-5. 정답 : $\sqrt{7}$

∴ 제곱근 7 : $\sqrt{7}$

23-6. 정답 : $2\sqrt{3}$

$\sqrt{12} = 2\sqrt{3}$이므로

∴ 제곱근 12 : $2\sqrt{3}$

24-1. 정답 : 정수부분 : 1 / 소수부분 : $\sqrt{3}-1$

(풀이)

$\sqrt{1} < \sqrt{3} < \sqrt{4} \rightarrow 1 < \sqrt{3} < 2$

정수부분 : 1

소수부분 : $\sqrt{3}-1$

24-2. 정답 : 정수부분 : 2 / 소수부분 : $\sqrt{2}-1$

(풀이)

$\sqrt{1} < \sqrt{2} < \sqrt{4} \rightarrow 1 < \sqrt{2} < 2 \rightarrow 2 < 1+\sqrt{2} < 3$

정수부분 : 2

소수부분 : $\sqrt{2}-1$

24-3. 정답 : 정수부분 : 4 / 소수부분 : $2\sqrt{3}-3$

(풀이)

$2\sqrt{3} = \sqrt{12}$ 이므로

$\sqrt{9} < \sqrt{12} < \sqrt{16} \rightarrow 3 < 2\sqrt{3} < 4 \rightarrow 4 < 1+2\sqrt{3} < 5$

정수부분 : 4

소수부분 : $2\sqrt{3}-3$

24-4. 정답 : 정수부분 : 3 / 소수부분 : $3\sqrt{2}-4$

(풀이)

$3\sqrt{2} = \sqrt{18}$ 이므로

$\sqrt{16} < \sqrt{18} < \sqrt{25} \rightarrow 4 < 3\sqrt{2} < 5 \rightarrow 3 < 3\sqrt{2}-1 < 4$

정수부분 : 3

소수부분 : $3\sqrt{2}-4$

24-5. 정답 : 정수부분 : -2 / 소수부분 : $4-\sqrt{11}$

(풀이)

$\sqrt{9} < \sqrt{11} < \sqrt{16} \rightarrow 3 < \sqrt{11} < 4$

$\rightarrow -4 < -\sqrt{11} < -3 \rightarrow -2 < 2-\sqrt{11} < -1$

정수부분 : -2

소수부분 : $4-\sqrt{11}$

24-6. 정답 : 정수부분 : 1 / 소수부분 : $3-2\sqrt{2}$

(풀이)

$2\sqrt{2} = \sqrt{8}$ 이므로

$\sqrt{4} < \sqrt{8} < \sqrt{9} \rightarrow 2 < 2\sqrt{2} < 3$

$\rightarrow -3 < -2\sqrt{2} < -2 \rightarrow 1 < 4-2\sqrt{2} < 2$

정수부분 : 1

소수부분 : $3-2\sqrt{2}$

25-1. 정답 : $\sqrt{3} < 2$

(풀이)

$(\sqrt{3})^2 - 2^2 = 3-4 < 0$

$\therefore \sqrt{3} < 2$

25-2. 정답 : $2\sqrt{2} > \sqrt{5}$

(풀이)

$(2\sqrt{2})^2 - (\sqrt{5})^2 = 8-5 > 0$

$\therefore 2\sqrt{2} > \sqrt{5}$

25-3. 정답 : $3\sqrt{2} > \sqrt{7}$

(풀이)

$(3\sqrt{2})^2 - (\sqrt{7})^2 = 18-7 > 0$

$\therefore 3\sqrt{2} > \sqrt{7}$

25-4. 정답 : $3\sqrt{2} > 2\sqrt{3}$

(풀이)

$(3\sqrt{2})^2 - (2\sqrt{3})^2 = 18-12 > 0$

$\therefore 3\sqrt{2} > 2\sqrt{3}$

25-5. 정답 : $2\sqrt{2} < 3$

(풀이)

$(2\sqrt{2})^2 - 3^2 = 8-9 < 0$

$\therefore 2\sqrt{2} < 3$

26-1. 정답 : $2+\sqrt{3} < 2+\sqrt{5}$

(풀이)

$2+\sqrt{3} - (2+\sqrt{5}) = 2+\sqrt{3} - 2-\sqrt{5} = \sqrt{3}-\sqrt{5} < 0$

$\therefore 2+\sqrt{3} < 2+\sqrt{5}$

26-2. 정답 : $\sqrt{2}-1 < \sqrt{3}-1$

(풀이)

$\sqrt{2}-1 - (\sqrt{3}-1) = \sqrt{2}-1-\sqrt{3}+1 = \sqrt{2}-\sqrt{3} < 0$

$\therefore \sqrt{2}-1 < \sqrt{3}-1$

26-3. 정답 : $\sqrt{3}+2 < 4$

(풀이)

$\sqrt{3}+2 \square 4 \rightarrow \sqrt{3} \square 4-2 \rightarrow \sqrt{3} \square 2$

그런데 $\sqrt{3} < 2$이므로

$\therefore \sqrt{3}+2 < 4$

26-4. 정답 : $3\sqrt{3}-3 > \sqrt{3}-1$

(풀이)

$3\sqrt{3}-3 \square \sqrt{3}-1 \rightarrow 3\sqrt{3}-\sqrt{3} \square -1+3 \rightarrow 2\sqrt{3} \square 2$

그런데 $2\sqrt{3} > 2$이므로

$\therefore 3\sqrt{3}-3 > \sqrt{3}-1$

27-1. 정답 : $\dfrac{\sqrt{3}}{3}$

(풀이)

$\dfrac{1}{\sqrt{3}}$ 분모 유리화 $\rightarrow \dfrac{1 \times \sqrt{3}}{\sqrt{3} \times \sqrt{3}} = \dfrac{\sqrt{3}}{3}$

$\therefore \dfrac{\sqrt{3}}{3}$

27-2. 정답 : $\dfrac{2\sqrt{3}}{3}$

(풀이)

$\dfrac{2}{\sqrt{3}}$ 분모 유리화 $\rightarrow \dfrac{2 \times \sqrt{3}}{\sqrt{3} \times \sqrt{3}} = \dfrac{2\sqrt{3}}{3}$

$\therefore \dfrac{2\sqrt{3}}{3}$

27-3. 정답 : $-\dfrac{\sqrt{5}}{5}$

(풀이)

$-\dfrac{1}{\sqrt{5}}$ 분모 유리화 $\rightarrow -\dfrac{1 \times \sqrt{5}}{\sqrt{5} \times \sqrt{5}} = -\dfrac{\sqrt{5}}{5}$

$\therefore -\dfrac{\sqrt{5}}{5}$

27-4. 정답 : $\dfrac{\sqrt{6}}{2}$

(풀이)

$\dfrac{\sqrt{3}}{\sqrt{2}}$ 분모 유리화 $\rightarrow \dfrac{\sqrt{3} \times \sqrt{2}}{\sqrt{2} \times \sqrt{2}} = \dfrac{\sqrt{6}}{2}$

$\therefore \dfrac{\sqrt{6}}{2}$

27-5. 정답 : $-\dfrac{\sqrt{30}}{3}$

(풀이)

$-\dfrac{2\sqrt{5}}{\sqrt{6}}$ 분모 유리화 $\rightarrow -\dfrac{2\sqrt{5} \times \sqrt{6}}{\sqrt{6} \times \sqrt{6}} = -\dfrac{2\sqrt{30}}{6}$

$\therefore -\dfrac{\sqrt{30}}{3}$

28-1. 정답 : $\dfrac{\sqrt{3}+1}{2}$

(풀이)

$\dfrac{1}{\sqrt{3}-1}$ 분모 유리화 $\rightarrow \dfrac{1 \times (\sqrt{3}+1)}{(\sqrt{3}-1) \times (\sqrt{3}+1)} = \dfrac{\sqrt{3}+1}{3-1}$

$\therefore \dfrac{\sqrt{3}+1}{2}$

28-2. 정답 : $\sqrt{3}-\sqrt{2}$

(풀이)

$\dfrac{1}{\sqrt{3}+\sqrt{2}}$ 분모 유리화 $\rightarrow \dfrac{1 \times (\sqrt{3}-\sqrt{2})}{(\sqrt{3}+\sqrt{2}) \times (\sqrt{3}-\sqrt{2})} = \dfrac{\sqrt{3}-\sqrt{2}}{3-2}$

$\therefore \sqrt{3}-\sqrt{2}$

28-3. 정답 : $2+\sqrt{3}$

(풀이)

$\dfrac{1}{2-\sqrt{3}}$ 분모 유리화 $\rightarrow \dfrac{1 \times (2+\sqrt{3})}{(2-\sqrt{3}) \times (2+\sqrt{3})} = \dfrac{2+\sqrt{3}}{4-3}$

$$\therefore\ 2+\sqrt{3}$$

28-4. 정답 : $\sqrt{5}-\sqrt{3}$

(풀이)

$$\dfrac{2}{\sqrt{5}+\sqrt{3}}\ \text{분모 유리화} \rightarrow \dfrac{2\times(\sqrt{5}-\sqrt{3})}{(\sqrt{5}+\sqrt{3})\times(\sqrt{5}-\sqrt{3})}=\dfrac{2(\sqrt{5}-\sqrt{3})}{5-3}$$
$$\therefore\ \sqrt{5}-\sqrt{3}$$

28-5. 정답 : $3(3+2\sqrt{2})$

(풀이)

$$\dfrac{3}{3-2\sqrt{2}}\ \text{분모 유리화} \rightarrow \dfrac{3\times(3+2\sqrt{2})}{(3-2\sqrt{2})\times(3+2\sqrt{2})}=\dfrac{3(3+2\sqrt{2})}{9-8}$$
$$\therefore\ 3(3+2\sqrt{2})$$

29-1. 정답 : $8\sqrt{2}$

(풀이)

$$\text{준 식}\ =\ 8\sqrt{2}\quad(\rightarrow (5+3)\sqrt{2})$$

29-2. 정답 : $-\sqrt{5}$

(풀이)

$$\text{준 식}\ =\ -\sqrt{5}\quad(\rightarrow (2-3)\sqrt{5})$$

29-3. 정답 : $3\sqrt{3}$

(풀이)

$$\text{준 식}\ =\ 3\sqrt{3}\quad(\rightarrow (1+3+1-2)\sqrt{3})$$

29-4. 정답 : $3\sqrt{2}+2\sqrt{5}$

(풀이)

$$\text{준 식}\ =\ 2\sqrt{2}+\sqrt{2}+3\sqrt{5}-\sqrt{5}$$
$$=\ (2\sqrt{2}+\sqrt{2})+(3\sqrt{5}-\sqrt{5})$$
$$=\ 3\sqrt{2}+2\sqrt{5}$$

29-5. 정답 : $3\sqrt{2}+5\sqrt{3}$

(풀이)

$$\text{준 식}\ =\ \sqrt{2}+\sqrt{3}+2\sqrt{2}+4\sqrt{3}$$
$$=\ \sqrt{2}+2\sqrt{2}+\sqrt{3}+4\sqrt{3}$$
$$=\ (\sqrt{2}+2\sqrt{2})+(\sqrt{3}+4\sqrt{3})$$
$$=\ 3\sqrt{2}+5\sqrt{3}$$

30-1. 정답 : $4\sqrt{6}$

(풀이)

$$\text{준 식}\ =\ \sqrt{2^3}\times\sqrt{2^2\times3}$$
$$=\ (2\times\sqrt{2})\times(2\times\sqrt{3})$$
$$=\ 2\times\sqrt{2}\times2\times\sqrt{3}$$

$$=\ 2\times2\times\sqrt{2}\times\sqrt{3}$$
$$=\ 4\times\sqrt{2\times3}\ =\ 4\sqrt{6}$$

30-2. 정답 : $\dfrac{\sqrt{5}}{2}$

(풀이)

$$\text{준 식}\ =\ \sqrt{15}\times\dfrac{1}{\sqrt{12}}$$
$$=\ \sqrt{3\times5}\times\dfrac{1}{\sqrt{2^2\times3}}$$
$$=\ (\sqrt{3}\times\sqrt{5})\times\dfrac{1}{2\times\sqrt{3}}$$
$$=\ \dfrac{\sqrt{5}}{2}$$

30-3. 정답 : 28

(풀이)

$$\text{준 식}\ =\ \sqrt{2\times7}\times\sqrt{2^2\times7}\times\sqrt{2}$$
$$=\ (\sqrt{2}\times\sqrt{7})\times(2\times\sqrt{7})\times\sqrt{2}$$
$$=\ \sqrt{2}\times\sqrt{7}\times2\times\sqrt{7}\times\sqrt{2}$$
$$=\ 2\times\sqrt{2}\times\sqrt{2}\times\sqrt{7}\times\sqrt{7}$$
$$=\ 2\times(\sqrt{2}\times\sqrt{2})\times(\sqrt{7}\times\sqrt{7})$$
$$=\ 2\times2\times7$$
$$=\ 28$$

30-4. 정답 : $2\sqrt{2}$

$$\text{준 식}\ =\ \sqrt{10}\times\dfrac{1}{\sqrt{15}}\times\sqrt{12}$$
$$=\ \sqrt{2\times5}\times\dfrac{1}{\sqrt{3\times5}}\times\sqrt{2^2\times3}$$
$$=\ (\sqrt{2}\times\sqrt{5})\times\dfrac{1}{\sqrt{3}\times\sqrt{5}}\times(2\times\sqrt{3})$$
$$=\ \sqrt{2}\times2$$
$$=\ 2\times\sqrt{2}\ =\ 2\sqrt{2}$$

30-5. 정답 : 6

(풀이)

$$\text{준 식}\ =\ \sqrt{20}\div\sqrt{15}\div\dfrac{1}{\sqrt{27}}$$
$$=\ \sqrt{20}\times\dfrac{1}{\sqrt{15}}\times\sqrt{27}$$
$$=\ \sqrt{2^2\times5}\times\dfrac{1}{\sqrt{3\times5}}\times\sqrt{3^3}$$
$$=\ (2\times\sqrt{5})\times\dfrac{1}{\sqrt{3}\times\sqrt{5}}\times(3\times\sqrt{3})$$
$$=\ 2\times3\ =\ 6$$

31-1. 정답 : 5

(풀이)

$$\text{준 식}\ =\ 3-\left\{\left(2\times\dfrac{3}{2}\right)\div\dfrac{3}{5}-7\right\}$$

$$= 3 - \left(3 \div \frac{3}{5} - 7\right)$$

$$= 3 - \left(3 \times \frac{5}{3} - 7\right)$$

$$= 3 - (5 - 7)$$

$$= 3 + 2 = 5$$

31-2. 정답 : -2

(풀이)

$$\text{준 식} = \frac{1}{3} - \left(2 + \sqrt{5} \times \frac{11}{15} \div \frac{11}{\sqrt{5}}\right)$$

$$= \frac{1}{3} - \left(2 + \sqrt{5} \times \frac{11}{15} \times \frac{\sqrt{5}}{11}\right)$$

$$= \frac{1}{3} - \left(2 + \frac{(\sqrt{5})^2}{15}\right)$$

$$= \frac{1}{3} - \left(2 + \frac{5}{15}\right)$$

$$= \frac{1}{3} - \left(2 + \frac{1}{3}\right) = \frac{1}{3} - \frac{7}{3} = -2$$

31-3. 정답 : 1

(풀이)

$$\text{준 식} = \frac{3}{4} \times \left(1 - \frac{5\sqrt{5}}{2\sqrt{2}} \div \frac{3\sqrt{5}}{\sqrt{2}}\right) + \frac{7}{8}$$

$$= \frac{3}{4} \times \left(1 - \frac{5\sqrt{5}}{2\sqrt{2}} \times \frac{\sqrt{2}}{3\sqrt{5}}\right) + \frac{7}{8}$$

$$= \frac{3}{4} \times \left(1 - \frac{5}{6}\right) + \frac{7}{8}$$

$$= \frac{3}{4} \times \frac{1}{6} + \frac{7}{8}$$

$$= \frac{1}{8} + \frac{7}{8} = 1$$

31-4. 정답 : 0

(풀이)

$$\text{준 식} = \sqrt{3} - \frac{\sqrt{3}}{\sqrt{2}} \div \left(\frac{11}{10} \times \frac{10}{11}\right) \times \sqrt{2}$$

$$= \sqrt{3} - \frac{\sqrt{3}}{\sqrt{2}} \div 1 \times \sqrt{2}$$

$$= \sqrt{3} - \frac{\sqrt{3}}{\sqrt{2}} \times 1 \times \sqrt{2}$$

$$= \sqrt{3} - \sqrt{3} = 0$$

31-5. 정답 : $-\sqrt{3}$

(풀이)

$$\text{준 식} = -3\sqrt{3} - \frac{28}{3} \div \left\{(-5) \times \frac{1}{3} - 3\right\} \times \sqrt{3}$$

$$= -3\sqrt{3} - \frac{28}{3} \div \left(-\frac{5}{3} - 3\right) \times \sqrt{3}$$

$$= -3\sqrt{3} - \frac{28}{3} \div \left(-\frac{14}{3}\right) \times \sqrt{3}$$

$$= -3\sqrt{3} - \frac{28}{3} \times \left(-\frac{3}{14}\right) \times \sqrt{3}$$

$$= -3\sqrt{3} + 2\sqrt{3} = -\sqrt{3}$$

32-1. 정답 : (1) 정수 : $-\sqrt{9}$, 0, $\sqrt{0.\dot{9}}$

(2) 유리수 : $-\sqrt{9}$, $0.\dot{3}$, 0, $\sqrt{0.\dot{9}}$

(3) 무리수 : $\sqrt{11}$, $\sqrt{99}$

(풀이)

(1) 정수 : $-\sqrt{9}$, 0, $\sqrt{0.\dot{9}}$

* $-\sqrt{9} = -3$, $\sqrt{0.\dot{9}} = \sqrt{\frac{9}{9}} = \sqrt{1} = 1$

(2) 유리수 : $-\sqrt{9}$, $0.\dot{3}$, 0, $\sqrt{0.\dot{9}}$

* 정수는 유리수이므로 $-\sqrt{9}$, 0, $\sqrt{0.\dot{9}}$ 유리수입니다.

* $0.\dot{3} = \frac{3}{9} = \frac{1}{3}$

(3) 무리수 : $\sqrt{11}$, $\sqrt{99}$

* $\sqrt{99} = \sqrt{9 \times 11} = 3\sqrt{11}$

32-2. 정답 : (1) 정수 : -1 (2) 유리수 : $\sqrt{\frac{1}{9}}$, 3.1415, $0.\dot{4}$, -1

(3) 무리수 : $\sqrt{2} \times \sqrt{3}$, $\sqrt{32}$

(풀이)

(1) 정수 : -1

(2) 유리수 : $\sqrt{\frac{1}{9}}$, 3.1415, $0.\dot{4}$, -1

* 정수는 유리수이므로 -1 유리수입니다.

* $\sqrt{\frac{1}{9}} = \frac{1}{3}$

* $0.\dot{4} = \frac{4}{9}$

(3) 무리수 : $\sqrt{2} \times \sqrt{3}$, $\sqrt{32}$

* $\sqrt{2} \times \sqrt{3} = \sqrt{6}$

* $\sqrt{32} = 4\sqrt{2}$

32-3. 정답 : (1) 정수 : $\sqrt{36}$, $0.\dot{9}$ (2) 유리수 : $\sqrt{0.\dot{1}}$, $\sqrt{36}$, $0.\dot{9}$

(3) 무리수 : $\frac{\sqrt{3}}{4}$, $\sqrt{0.\dot{1}} \times \sqrt{0.\dot{0}\dot{1}}$, $(\sqrt{3})^3$

(풀이)

(1) 정수 : $\sqrt{36}$, $0.\dot{9}$

* $\sqrt{36} = 6$, $0.\dot{9} = \frac{9}{9} = 1$

(2) 유리수 : $\sqrt{0.\dot{1}}$, $\sqrt{36}$, $0.\dot{9}$

* 정수는 유리수이므로 $\sqrt{36}$, $0.\dot{9}$ 유리수입니다.

* $\sqrt{0.\dot{1}} = \sqrt{\frac{1}{9}} = \frac{1}{3}$

(3) 무리수 : $\frac{\sqrt{3}}{4}$, $\sqrt{0.\dot{1}} \times \sqrt{0.\dot{0}\dot{1}}$, $(\sqrt{3})^3$

* $\sqrt{0.\dot{1}} \times \sqrt{0.\dot{0}\dot{1}} = \sqrt{\frac{1}{10}} \times \sqrt{\frac{1}{100}} = \frac{1}{\sqrt{10}} \times \frac{1}{10} = \frac{1}{10\sqrt{10}} = \frac{\sqrt{10}}{100}$

* $(\sqrt{3})^3 = \sqrt{3} \times \sqrt{3} \times \sqrt{3} = 3\sqrt{3}$

p.40~43

01-1. 정답 : $6x+8$

(풀이)

준 식 $= 4x+3+2x+5$

$\quad = 4x+2x+3+5$

$\quad = (4x+2x)+(3+5)$

$\quad = 6x+8$

01-2. 정답 : $7x+6$

(풀이)

준 식 $= 5x+7+2x-1$

$\quad = 5x+2x+7-1$

$\quad = (5x+2x)+(7-1)$

$\quad = 7x+6$

01-3. 정답 : $-2x-1$

(풀이)

준 식 $= 6x-8-8x+7$

$\quad = 6x-8x-8+7$

$\quad = (6x-8x)+(-8+7)$

$\quad = -2x-1$

01-4. 정답 : $4x-13$

(풀이)

준 식 $= 3x-10+x-3$

$\quad = 3x+x-10-3$

$\quad = (3x+x)+(-10-3)$

$\quad = 4x-13$

01-5. 정답 : $x-2$

(풀이)

준 식 $= 5x-3-4x+1$

$\quad = 5x-4x-3+1$

$\quad = (5x-4x)+(-3+1)$

$\quad = x-2$

01-6. 정답 : $-2x+6$

(풀이)

준 식 $= -3x+1+x+5$

$\quad = -3x+x+1+5$

$\quad = (-3x+x)+(1+5)$

$\quad = -2x+6$

02-1. 정답 : $-4x+5$

(풀이)

준 식 $= 3x-1-7x+6$

$\quad = 3x-7x-1+6$

$\quad = (3x-7x)+(-1+6)$

$\quad = -4x+5$

02-2. 정답 : $2x-3$

(풀이)

준 식 $= -x+2+3x-5$

$\quad = -x+3x+2-5$

$\quad = (-x+3x)+(2-5)$

$\quad = 2x-3$

02-3. 정답 : $6x-7$

(풀이)

준 식 $= 3x-2+3x-5$

$\quad = 3x+3x-2-5$

$\quad = (3x+3x)+(-2-5)$

$\quad = 6x-7$

02-4. 정답 : $6x+9$

(풀이)

준 식 $= 5x+11+x-2$

$\quad = 5x+x+11-2$

$\quad = (5x+x)+(11-2)$

$\quad = 6x+9$

02-5. 정답 : $-x+6$

(풀이)

준 식 $= 3x+8-4x-2$

$\quad = 3x-4x+8-2$

$\quad = (3x-4x)+(8-2)$

$\quad = -x+6$

02-6. 정답 : $-5x-6$

(풀이)

준 식 $= -7x+3+2x-9$

$$= -7x + 2x + 3 - 9$$

$$= (-7x + 2x) + (3 - 9)$$

$$= -5x - 6$$

03-1. 정답 : $2x^2 - 6xy$

(풀이)

$$준 식 = 2x \times x + 2x \times (-3y)$$

$$= 2x^2 - 6xy$$

03-2. 정답 : $2xy + 10y^2$

(풀이)

$$준 식 = 2y \times x + 2y \times 5y$$

$$= 2xy + 10y^2$$

03-3. 정답 : $6y^2 - 3xy$

(풀이)

$$준 식 = 3y \times 2y + 3y \times (-x)$$

$$= 6y^2 - 3xy$$

03-4. 정답 : $20x^2 + 15xy$

(풀이)

$$준 식 = 5x \times 4x + 5x \times 3y$$

$$= 20x^2 + 15xy$$

03-5. 정답 : $-3x^2 - 2xy$

(풀이)

$$준 식 = (-x) \times 3x + (-x) \times 2y$$

$$= -3x^2 - 2xy$$

03-6. 정답 : $-2xy + 10x^2$

(풀이)

$$준 식 = (-2x) \times y + (-2x) \times (-5x)$$

$$= -2xy + 10x^2$$

04-1. 정답 : $2xy + 6xz + y^2 + 3yz$

(풀이)

$$준 식 = 2x \times y + 2x \times 3z + y \times y + y \times 3z$$

$$= 2xy + 6xz + y^2 + 3yz$$

04-2. 정답 : $x^2 + 3xz - xy - 3yz$

(풀이)

$$준 식 = x \times x + x \times 3z + (-y) \times x + (-y) \times 3z$$

$$= x^2 + 3xz - xy - 3yz$$

04-3. 정답 : $3x^2 + 3xz - 2xy - 2yz$

(풀이)

$$준 식 = 3x \times x + 3x \times z + (-2y) \times x + (-2y) \times z$$

$$= 3x^2 + 3xz - 2xy - 2yz$$

04-4. 정답 : $2x^2 - 5xz - 6xy + 15yz$

(풀이)

$$준 식 = x \times 2x + x \times (-5z) + (-3y) \times 2x + (-3y) \times (-5z)$$

$$= 2x^2 - 5xz - 6xy + 15yz$$

04-5. 정답 : $2xy - xz - 4y^2 + 2yz$

(풀이)

$$준 식 = x \times 2y + x \times (-z) + (-2y) \times 2y + (-2y) \times (-z)$$

$$= 2xy - xz - 4y^2 + 2yz$$

04-6. 정답 : $2x^2 - 2xy + xz - yz$

(풀이)

$$준 식 = 2x \times x + 2x \times (-y) + z \times x + z \times (-y)$$

$$= 2x^2 - 2xy + xz - yz$$

O2 다항식 – 곱셈공식

수와 식

p.44~49

05-1. 정답 : $4x^2 - y^2$

(풀이)

$$준 식 = (2x)^2 - (y)^2$$

$$= 4x^2 - y^2$$

05-2. 정답 : $9x^2 - y^2$

(풀이)

$$준 식 = (3x)^2 - (y)^2$$

$$= 9x^2 - y^2$$

05-3. 정답 : $4x^2 - 9y^2$

(풀이)

$$준 식 = (2x)^2 - (3y)^2$$

$$= 4x^2 - 9y^2$$

05-4. 정답 : $x^2 - 5y^2$

(풀이)

$$준 식 = (x)^2 - (\sqrt{5}\,y)^2$$

$$= x^2 - 5y^2$$

05-5. 정답 : $4x^2 - 7y^2$

(풀이)

$$\text{준 식} = (2x)^2 - (\sqrt{7}\,y)^2$$
$$= 4x^2 - 7y^2$$

05-6. 정답 : $3x^2 - 2y^2$

(풀이)

$$\text{준 식} = (\sqrt{3}\,x)^2 - (\sqrt{2}\,y)^2$$
$$= 3x^2 - 2y^2$$

06-1. 정답 : 2496

(풀이)

$$\text{준 식} = (50+2)(50-2) = 50^2 - 2^2 = 2500 - 4 = 2496$$

06-2. 정답 : 2475

(풀이)

$$\text{준 식} = (50+5)(50-5) = 50^2 - 5^2 = 2500 - 25 = 2475$$

06-3. 정답 : 9991

(풀이)

$$\text{준 식} = (100+3)(100-3) = 100^2 - 3^2 = 10000 - 9 = 9991$$

06-4. 정답 : 9919

(풀이)

$$\text{준 식} = (100+9)(100-9) = 100^2 - 9^2 = 10000 - 81 = 9919$$

06-5. 정답 : 39996

(풀이)

$$\text{준 식} = (200+2)(200-2) = 200^2 - 2^2 = 40000 - 4 = 39996$$

06-6. 정답 : 39936

(풀이)

$$\text{준 식} = (200+8)(200-8) = 200^2 - 8^2 = 40000 - 64 = 39936$$

07-1. 정답 : $x^2 + 2x + 1$

(풀이)

$$\text{준 식} = (x)^2 + 2 \times x \times 1 + (1)^2$$
$$= x^2 + 2x + 1$$

07-2. 정답 : $4x^2 - 4x + 1$

(풀이)

$$\text{준 식} = (2x)^2 + 2 \times 2x \times (-1) + (-1)^2$$

$$= 4x^2 - 4x + 1$$

07-3. 정답 : $9x^2 - 24x + 16$

(풀이)

$$\text{준 식} = (3x)^2 + 2 \times 3x \times (-4) + (-4)^2$$
$$= 9x^2 - 24x + 16$$

07-4. 정답 : $x^2 - 2xy + y^2$

(풀이)

$$\text{준 식} = (x)^2 + 2 \times x \times (-y) + (-y)^2$$
$$= x^2 - 2xy + y^2$$

07-5. 정답 : $x^2 - 6xy + 9y^2$

(풀이)

$$\text{준 식} = (x)^2 + 2 \times x \times (-3y) + (-3y)^2$$
$$= x^2 - 6xy + 9y^2$$

07-6. 정답 : $16x^2 + 24xy + 9y^2$

(풀이)

$$\text{준 식} = (4x)^2 + 2 \times 4x \times 3y + (3y)^2$$
$$= 16x^2 + 24xy + 9y^2$$

08-1. 정답 : 2704

(풀이)

$$\text{준 식} = (50+2)^2$$
$$= 50^2 + 2 \times 50 \times 2 + 2^2$$
$$= 2500 + 200 + 4 = 2704$$

08-2. 정답 : 9409

(풀이)

$$\text{준 식} = (100-3)^2$$
$$= 100^2 + 2 \times 100 \times (-3) + (-3)^2$$
$$= 10000 - 600 + 9 = 9409$$

08-3. 정답 : 2025

(풀이)

$$\text{준 식} = (50-5)^2$$
$$= 50^2 + 2 \times 50 \times (-5) + (-5)^2$$
$$= 2500 - 500 + 25 = 2025$$

08-4. 정답 : 11236

(풀이)

$$\text{준 식} = (100+6)^2$$
$$= 100^2 + 2 \times 100 \times 6 + 6^2$$

$$= 10000 + 1200 + 36 = 11236$$

08-5. 정답 : 8281

(풀이)

$$준 \ 식 = (100-9)^2$$

$$= 100^2 + 2 \times 100 \times (-9) + (-9)^2$$

$$= 10000 - 1800 + 81 = 8281$$

08-6. 정답 : 6889

(풀이)

$$준 \ 식 = (80+3)^2$$

$$= 80^2 + 2 \times 80 \times 3 + 3^2$$

$$= 6400 + 480 + 9 = 6889$$

09-1. 정답 : (1) 19 (2) $\dfrac{19}{3}$ (3) 13

(풀이)

(1) $준 \ 식 = (x+y)^2 - 2xy$

$$= 5^2 - 2 \times 3 = 25 - 6 = 19$$

(2) $준 \ 식 = \dfrac{y^2}{xy} + \dfrac{x^2}{xy} = \dfrac{x^2+y^2}{xy} = \dfrac{19}{3}$

(3) $준 \ 식 = x^2 - 2xy + y^2$

$$= 19 - 2 \times 3 = 13$$

09-2. 정답 : (1) 36 (2) $\dfrac{18}{5}$ (3) 56

(풀이)

(1) $준 \ 식 = (x-y)^2 + 2xy$

$$= 4^2 + 2 \times 10 = 16 + 20 = 36$$

(2) $준 \ 식 = \dfrac{y^2}{xy} + \dfrac{x^2}{xy} = \dfrac{x^2+y^2}{xy} = \dfrac{36}{10} = \dfrac{18}{5}$

(3) $준 \ 식 = x^2 + 2xy + y^2$

$$= 36 + 2 \times 10 = 56$$

09-3. 정답 : (1) 3 (2) $\dfrac{15}{4}$

(풀이)

(1) $(x-y)^2 = x^2 + y^2 - 2xy = 17 - 8 = 9$

$\therefore \ x - y = 3 \quad (0 < y < x)$

(2) $(x+y)^2 = x^2 + y^2 + 2xy = 17 + 8 = 25$

$\therefore \ x + y = 5 \quad (0 < y < x)$

$준 \ 식 = \dfrac{x^2-y^2}{xy} = \dfrac{(x+y)(x-y)}{xy}$

$$= \dfrac{5 \times 3}{4} = \dfrac{15}{4}$$

10-1. 정답 : (1) 2 (2) 0

(풀이)

(1) $준 \ 식 = \left(x + \dfrac{1}{x}\right)^2 - 2$

$$= 2^2 - 2 = 2$$

(2) $준 \ 식 = x^2 + \dfrac{1}{x^2} - 2$

$$= 2 - 2 = 0$$

10-2. 정답 : (1) 9 (2) 79 (3) 77

(풀이)

(1) $준 \ 식에 \ 양변 \times \dfrac{1}{x} \ \to \ x - 9 + \dfrac{1}{x} = 0$

$$\therefore \ x + \dfrac{1}{x} = 9$$

(2) $준 \ 식 = \left(x + \dfrac{1}{x}\right)^2 - 2$

$$= 9^2 - 2 = 81 - 2 = 79$$

(3) $준 \ 식 = x^2 + \dfrac{1}{x^2} - 2$

$$= 79 - 2 = 77$$

10-3. 정답 : (1) 3 (2) 2

(풀이)

(1) $준 \ 식에 \ 양변 \times \dfrac{1}{x} \ \to \ x - 3 + \dfrac{1}{x} = 0$

$$\therefore \ x + \dfrac{1}{x} = 3$$

(2) $준 \ 식 = \left\{\left(x + \dfrac{1}{x}\right)^2 - 2\right\} - 5 = \left(x + \dfrac{1}{x}\right)^2 - 2 - 5$

$$= 3^2 - 7 = 9 - 7 = 2$$

O2 다항식 – 인수분해

수와 식

p.50~54

11-1. 정답 : $y(x+1)$ / $1, \ y, \ x+1, \ y(x+1)$

(풀이)

$준 \ 식 = y(x+1)$

인수 : $1, \ y, \ x+1, \ y(x+1)$

11-2. 정답 : $2(x+2y)$ / $1, \ 2, \ x+2y, \ 2(x+2y)$

(풀이)

$준 \ 식 = 2(x+2y)$

인수 : $1, \ 2, \ x+2y, \ 2(x+2y)$

11-3. 정답 : $xy(x-1)$ /

$$1, \ x, \ y, \ x-1, \ xy, \ x(x-1), \ y(x-1), \ xy(x-1)$$

(풀이)

준 식 $= xy(x-1)$

인수 : $1,\ x,\ y,\ x-1,\ xy,\ x(x-1),\ y(x-1),\ xy(x-1)$

11-4. 정답 : $xy(y-2x)$ /

　　　　　$1,\ x,\ y,\ y-2x,\ xy,\ x(y-2x),\ y(y-2x),\ xy(y-2x)$

(풀이)

준 식 $= xy(y-2x)$

인수 : $1,\ x,\ y,\ y-2x,\ xy,\ x(y-2x),\ y(y-2x),\ xy(y-2x)$

11-5. 정답 : $2x(2-x+2y)$ / $1,\ 2,\ x,\ 2-x+2y,\ 2x,$

　　　　　　$2(2-x+2y),\ x(2-x+2y),\ 2x(2-x+2y)$

(풀이)

준 식 $= 2x(2-x+2y)$

인수 : $1,\ 2,\ x,\ 2-x+2y,\ 2x,\ 2(2-x+2y),$

　　　　$x(2-x+2y),\ 2x(2-x+2y)$

12-1. 정답 : 150

(풀이)

준 식 $= 15\times(23-13) = 15\times10 = 150$

12-2. 정답 : 80

(풀이)

준 식 $= 20\times(55-51) = 20\times4 = 80$

12-3. 정답 : 120

(풀이)

준 식 $= 12\times(27-17) = 12\times10 = 120$

12-4. 정답 : 900

(풀이)

준 식 $= 30\times(14+16) = 30\times30 = 900$

12-5. 정답 : 220

(풀이)

준 식 $= 11\times(45-34+9) = 11\times20 = 220$

13-1. 정답 : $(x+2y)(x-2y)$ / $1,\ x+2y,\ x-2y,\ (x+2y)(x-2y)$

(풀이)

준 식 $= (x+2y)(x-2y)$

인수 : $1,\ x+2y,\ x-2y,\ (x+2y)(x-2y)$

13-2. 정답 : $(x+3y)(x-3y)$ / $1,\ x+3y,\ x-3y,\ (x+3y)(x-3y)$

(풀이)

준 식 $= (x+3y)(x-3y)$

인수 : $1,\ x+3y,\ x-3y,\ (x+3y)(x-3y)$

13-3. 정답 : $(2x+3y)(2x-3y)$ /

　　　　　$1,\ 2x+3y,\ 2x-3y,\ (2x+3y)(2x-3y)$

(풀이)

준 식 $= (2x+3y)(2x-3y)$

인수 : $1,\ 2x+3y,\ 2x-3y,\ (2x+3y)(2x-3y)$

13-4. 정답 : $(2x+\sqrt{3}\,y)(2x-\sqrt{3}\,y)$ /

　　　　　$1,\ 2x+\sqrt{3}\,y,\ 2x-\sqrt{3}\,y,\ (2x+\sqrt{3}\,y)(2x-\sqrt{3}\,y)$

(풀이)

준 식 $= (2x+\sqrt{3}\,y)(2x-\sqrt{3}\,y)$

인수 : $1,\ 2x+\sqrt{3}\,y,\ 2x-\sqrt{3}\,y,\ (2x+\sqrt{3}\,y)(2x-\sqrt{3}\,y)$

13-5. 정답 : $(\sqrt{5}\,x+y)(\sqrt{5}\,x-y)$ /

　　　　　$1,\ \sqrt{5}\,x+y,\ \sqrt{5}\,x-y,\ (\sqrt{5}\,x+y)(\sqrt{5}\,x-y)$

(풀이)

준 식 $= (\sqrt{5}\,x+y)(\sqrt{5}\,x-y)$

인수 : $1,\ \sqrt{5}\,x+y,\ \sqrt{5}\,x-y,\ (\sqrt{5}\,x+y)(\sqrt{5}\,x-y)$

14-1. 정답 : 9600

(풀이)

준 식 $= (98+2)(98-2) = 100\times96 = 9600$

14-2. 정답 : 1200

(풀이)

준 식 $= (56+44)(56-44) = 100\times12 = 1200$

14-3. 정답 : 4400

(풀이)

준 식 $= (72+28)(72-28) = 100\times44 = 4400$

14-4. 정답 : 10200

(풀이)

준 식 $= (101+1)(101-1) = 102\times100 = 10200$

14-5. 정답 : 400

(풀이)

준 식 $= (25+15)(25-15) = 40\times10 = 400$

15-1. 정답 : $(x-y)^2$ / $1,\ x-y,\ (x-y)^2$

(풀이)

준 식 $= (x-y)^2$

인수 : $1,\ x-y,\ (x-y)^2$

15-2. 정답 : $(x+2y)^2$ / 1, $x+2y$, $(x+2y)^2$

(풀이)

준 식 $= (x+2y)^2$

인수 : 1, $x+2y$, $(x+2y)^2$

15-3. 정답 : $(x-3y)^2$ / 1, $x-3y$, $(x-3y)^2$

(풀이)

준 식 $= (x-3y)^2$

인수 : 1, $x-3y$, $(x-3y)^2$

15-4. 정답 : $(x+1)^2$ / 1, $x+1$, $(x+1)^2$

(풀이)

준 식 $= (x+1)^2$

인수 : 1, $x+1$, $(x+1)^2$

15-5. 정답 : $(2x-1)^2$ / 1, $2x-1$, $(2x-1)^2$

(풀이)

준 식 $= (2x-1)^2$

인수 : 1, $2x-1$, $(2x-1)^2$

16-1. 정답 : 10000

(풀이)

준 식 $= (101-1)^2 = 100^2 = 10000$

16-2. 정답 : 2500

(풀이)

준 식 $= (49+1)^2 = 50^2 = 2500$

16-3. 정답 : 10000

(풀이)

준 식 $= (98+2)^2 = 100^2 = 10000$

16-4. 정답 : 2500

(풀이)

준 식 $= (52-2)^2 = 50^2 = 2500$

16-5. 정답 : 1600

(풀이)

준 식 $= (33+7)^2 = 40^2 = 1600$

17-1. 정답 : (1) $-x+1$ (2) $-2x^2+x$ (3) $4x-1$

(풀이)

(1) 준 식에 $y=-2x+1$ 대입하면

$x+y = x+(-2x+1) = x-2x+1 = -x+1$

(2) 준 식에 $y=-2x+1$ 대입하면

$xy = x\times(-2x+1) = -2x^2+x$

(3) 준 식에 $y=-2x+1$ 대입하면

$2x-y = 2x-(-2x+1) = 2x+2x-1 = 4x-1$

17-2. 정답 : (1) $2x$ (2) $-x$ (3) $-8x$

(풀이)

(1) $2x-y=0 \rightarrow y=2x$

(2) 준 식에 $y=2x$ 대입하면

$x-y = x-2x = -x$

(3) 준 식에 $y=2x$ 대입하면

$2x-5y = 2x-5\times(2x) = 2x-10x = -8x$

17-3. 정답 : (1) $2x+1$ (2) $2x$ (3) $-x-1$

(풀이)

(1) $2x-3y+1=0 \rightarrow 3y=2x+1$

(2) 준 식에 $3y=2x+1$ 대입하면

$4x-3y+1 = 4x-(2x+1)+1$
$= 4x-2x-1+1$
$= 2x$

(3) $2x-(x+3y) = 2x-x-3y = x-3y$

$x-3y$에 $3y=2x+1$ 대입하면

$x-3y = x-(2y+1) = x-2x-1 = -x-1$

p.62~64

01-1. 정답 : (1) ㄴ, ㄷ, ㄹ (2) ㄷ (3) ㄴ

01-2. 정답 : (1) ㄱ, ㄴ, ㄷ (2) ㄷ (3) ㄴ

02-1. 정답 : ㄴ, ㄷ

(풀이) 각각 $x=2$ 대입하기

ㄱ. $2+2=2\times 2+4 \rightarrow 4 \neq 8$

ㄴ. $2\times 2-1=3 \rightarrow 3=3$

ㄷ. $2\times 2+1=3(2-1)+2 \rightarrow 5=5$

ㄹ. $4\times 2+2=2-3 \rightarrow 10 \neq -1$

∴ 해가 $x=2$인 것은 'ㄴ, ㄷ'입니다.

02-2. 정답 : ㄱ, ㄴ, ㄷ

(풀이) 각각 $x=-1$ 대입하기

ㄱ. $-1+3=2\times(-1)+4 \rightarrow 2=2$

ㄴ. $3(-1+2)-1=-1+3 \rightarrow 2=2$

ㄷ. $2\times(-1)+2=0 \rightarrow 0=0$

ㄹ. $5\times(-1)+1=4(-1-2)+7 \rightarrow -4 \neq -5$

∴ 해가 $x=-1$인 것은 'ㄱ, ㄴ, ㄷ'입니다.

03-1. 정답 : $x=-1$

(풀이)

준 식 $\rightarrow$ $x=-1$

03-2. 정답 : $x=-2$

(풀이)

준 식 $\rightarrow 2x=-4 \rightarrow x=-2$

03-3. 정답 : $x=-\dfrac{5}{3}$

(풀이)

준 식 $\rightarrow 3x=-5 \rightarrow x=-\dfrac{5}{3}$

03-4. 정답 : $x=-2$

(풀이)

준 식 $\rightarrow -2x=-4 \rightarrow x=-2$

03-5. 정답 : $x=3$

(풀이)

준 식 $\rightarrow 2x-x=-2+5 \rightarrow x=3$

04-1. 정답 : $a=b=0$

(풀이)

준 식 $\rightarrow ax=b$

∴ $a=b=0$

04-2. 정답 : $a=0,\ b \neq 0$

풀이)

준 식 $\rightarrow ax=b$

∴ $a=0,\ b \neq 0$

04-3. 정답 : $a \neq 0$

(풀이)

준 식 $\rightarrow ax=b$

∴ $a \neq 0$

04-4. 정답 : $a=1,\ b=0$

(풀이)

준 식 $\rightarrow (a-1)x=b$

∴ $a=1,\ b=0$

04-5. 정답 : $a=0,\ b \neq 1$

풀이)

준 식 $\rightarrow 2ax=b-1$

∴ $a=0,\ b \neq 1$

04-6. 정답 : $a \neq -1$

(풀이)

준 식 $\rightarrow (a+1)x=b+1$

∴ $a \neq -1$

05-1. 정답 : $a=1$

(풀이) 준 식에 $x=-1$ 대입하기
$$a \times (-1)+1=0$$
∴ $a=1$

05-2. 정답 : $a=-3$

(풀이) 준 식에 $x=1$ 대입하기
$$a \times 1+3=0$$
∴ $a=-3$

05-3. 정답 : $a=-2$

(풀이) 준 식에 $x=1$ 대입하기

$$2a \times 1 + 4 = 0$$

$$\therefore a = -2$$

05-4. 정답 : $a = 5$

(풀이) 준 식에 $x = 2$ 대입하기

$$a \times 2 - 5 = a \ \rightarrow \ 2a - a = 5$$

$$\therefore a = 5$$

05-5. 정답 : $a = 1$

(풀이) 준 식에 $x = -2$ 대입하기

$$-2 + a = 2a \times (-2) + 3 \ \rightarrow \ 4a + a = 2 + 3$$

$$\therefore a = 1$$

03 방정식 – 연립 방정식

방정식과 부등식

p.65~69

06-1. 정답 : $x = 1$, $y = 1$

(풀이) 목표 : y를 소거하여 해 구하기

$\rightarrow \begin{cases} x + y = 2 \cdots ① \\ 2x - y = 1 \cdots ② \end{cases}$

$\rightarrow$ ①번 식 + ②번 식 :
$$\begin{array}{r} x + y = 2 \\ +) \ 2x - y = 1 \\ \hline 3x \quad\ = 3 \end{array}$$

$$\therefore x = 1$$

$\rightarrow x = 1$을 ①번 식에 대입 : $1 + y = 2$

$$\therefore y = 1$$

그러므로 $x = 1$, $y = 1$입니다.

06-2. 정답 : $x = 3$, $y = 1$

(풀이) 목표 : x를 소거하여 해 구하기

$\rightarrow \begin{cases} x - y = 2 \cdots ① \\ x + 2y = 5 \cdots ② \end{cases}$

$\rightarrow$ ①번 식 – ②번 식 :
$$\begin{array}{r} x - y = 2 \\ -) \ x + 2y = 5 \\ \hline -3y = -3 \end{array}$$

$$\therefore y = 1$$

$\rightarrow y = 1$을 ①번 식에 대입 : $x - 1 = 2$

$$\therefore x = 3$$

그러므로 $x = 3$, $y = 1$입니다.

06-3. 정답 : $x = 3$, $y = -1$

(풀이) 목표 : x를 소거하여 해 구하기

$\rightarrow \begin{cases} x - 3y = 6 \cdots ① \\ x + 2y = 1 \cdots ② \end{cases}$

$\rightarrow$ ①번 식 – ②번 식 :
$$\begin{array}{r} x - 3y = 6 \\ -) \ x + 2y = 1 \\ \hline -5y = 5 \end{array}$$

$$\therefore y = -1$$

$\rightarrow y = -1$을 ①번 식에 대입 : $x - 3 \times (-1) = 6$

$$\therefore x = 3$$

그러므로 $x = 3$, $y = -1$입니다.

06-4. 정답 : $x = 2$, $y = -3$

(풀이) 목표 : x를 소거하여 해 구하기

$\rightarrow \begin{cases} x - 2y = 8 \cdots ① \\ 2x + 3y = -5 \cdots ② \end{cases}$

$\rightarrow$ ①번 식 ×2 – ②번 식 :
$$\begin{array}{r} 2x - 4y = 16 \\ -) \ 2x + 3y = -5 \\ \hline -7y = 21 \end{array}$$

$$\therefore y = -3$$

$\rightarrow y = -3$을 ①번 식에 대입 : $x - 2 \times (-3) = 8$

$$\therefore x = 2$$

그러므로 $x = 2$, $y = -3$입니다.

06-5. 정답 : $x = 1$, $y = 1$

(풀이) 목표 : x를 소거하여 해 구하기

$\rightarrow \begin{cases} 3x + 2y = 5 \cdots ① \\ x - 3y = -2 \cdots ② \end{cases}$

$\rightarrow$ ①번 식 – ②번 식 ×3 :
$$\begin{array}{r} 3x + 2y = 5 \\ -) \ 3x - 9y = -6 \\ \hline 11y = 11 \end{array}$$

$$\therefore y = 1$$

$\rightarrow y = 1$을 ①번 식에 대입 : $3x + 2 \times 1 = 5$

$$\therefore x = 1$$

그러므로 $x = 1$, $y = 1$입니다.

07-1. 정답 : $x = 1$, $y = 1$

(풀이)

$\rightarrow \begin{cases} y = 2 - x \cdots ① \\ x + 2y = 3 \cdots ② \end{cases}$

$\rightarrow$ ①번 식을 ②번 식에 대입 : $x + 2(2 - x) = 3$ $\therefore x = 1$

$\rightarrow x = 1$을 ①번 식에 대입 : $y = 2 - 1 = 1$

$$\therefore x = 1, \ y = 1$$

07-2. 정답 : $x = 0$, $y = 1$

(풀이)

$\rightarrow \begin{cases} y = 1 - 2x \cdots ① \\ x - 3y = -3 \cdots ② \end{cases}$

$\rightarrow$ ①번 식을 ②번 식에 대입 : $x - 3(1 - 2x) = -3$ $\therefore x = 0$

$\rightarrow x = 0$을 ①번 식에 대입 : $y = 1 - 2 \times 0 = 1$

$$\therefore x = 0, \ y = 1$$

07-3. 정답 : $x = 5$, $y = 2$

(풀이)

$$\rightarrow \begin{cases} x = 1 + 2y & \cdots ① \\ 2x + 3y = 16 & \cdots ② \end{cases}$$

→ ①번 식을 ②번 식에 대입 : $2(1+2y)+3y=16$ ∴ $y=2$

→ $y=2$을 ①번 식에 대입 : $x=1+2\times2=5$

$$\therefore\ x=5,\ y=2$$

07-4. 정답 : $x=1,\ y=1$

(풀이) 목표 : $2x+y=3$을 y에 관하여 풀기

$$\rightarrow \begin{cases} y = 3 - 2x & \cdots ① \\ x + 2y = 3 & \cdots ② \end{cases}$$

→ ①번 식을 ②번 식에 대입 : $x+2(3-2x)=3$ ∴ $x=1$

→ $x=1$을 ①번 식에 대입 : $y=3-2\times1=1$

$$\therefore\ x=1,\ y=1$$

07-5. 정답 : $x=2,\ y=1$

(풀이) 목표 : $5x-y=9$을 y에 관하여 풀기

$$\rightarrow \begin{cases} y = 5x - 9 & \cdots ① \\ 3x + 2y = 8 & \cdots ② \end{cases}$$

→ ①번 식을 ②번 식에 대입 : $3x+2(5x-9)=8$ ∴ $x=2$

→ $x=2$을 ①번 식에 대입 : $y=5\times2-9=1$

$$\therefore\ x=2,\ y=1$$

08-1. 정답 : 해는 무수히 많습니다.

(풀이) $x-y=1$을 양변 $\times3$ 하면

$$\rightarrow \begin{cases} 3x - 3y = 3 & \cdots ① \\ 3x - 3y = 3 & \cdots ② \end{cases}$$

①번 식과 ②번 식에서 x계수, y계수, 상수 모두 같으므로

$$\therefore\ \text{해는 무수히 많습니다.}$$

08-2. 정답 : 해는 없습니다.

(풀이) $x-y=3$을 양변 $\times2$ 하면

$$\rightarrow \begin{cases} 2x - 2y = 6 & \cdots ① \\ 2x - 2y = 9 & \cdots ② \end{cases}$$

①번 식과 ②번 식에서 x계수, y계수는 같지만 상수는 다르므로

$$\therefore\ \text{해는 없습니다.}$$

08-3. 정답 : 해는 무수히 많습니다.

(풀이) $2x-y=2$을 양변 $\times(-2)$ 하면

$$\rightarrow \begin{cases} -4x + 2y = -4 & \cdots ① \\ -4x + 2y = -4 & \cdots ② \end{cases}$$

①번 식과 ②번 식에서 x계수, y계수, 상수 모두 같으므로

$$\therefore\ \text{해는 무수히 많습니다.}$$

08-4. 정답 : 해는 없습니다.

(풀이) $-2x+y=3$을 양변 $\times(-2)$ 하면

$$\rightarrow \begin{cases} 4x - 2y = 6 & \cdots ① \\ 4x - 2y = -6 & \cdots ② \end{cases}$$

①번 식과 ②번 식에서 x계수, y계수는 같지만 상수는 다르므로

$$\therefore\ \text{해는 없습니다.}$$

08-5. 정답 : 해는 없습니다.

(풀이) $x=y-2$ → $x-y=-2$ 양변 $\times3$ 하면

$$\rightarrow \begin{cases} 3x - 3y = 6 & \cdots ① \\ 3x - 3y = -6 & \cdots ② \end{cases}$$

①번 식과 ②번 식에서 x계수, y계수는 같지만 상수는 다르므로

$$\therefore\ \text{해는 없습니다.}$$

08-6. 정답 : 해는 없습니다.

(풀이) $y=x+3$ → $-x+y=3$ 양변 $\times(-4)$ 하면

$$\rightarrow \begin{cases} 4x - 4y = 12 & \cdots ① \\ 4x - 4y = -12 & \cdots ② \end{cases}$$

①번 식과 ②번 식에서 x계수, y계수는 같지만 상수는 다르므로

$$\therefore\ \text{해는 없습니다.}$$

09-1. 정답 : $a=-1$

(풀이) $ax+2y=5$를 양변 $\times2$

$$\rightarrow \begin{cases} 2ax + 4y = 10 & \cdots ① \\ -2x + 4y = 10 & \cdots ② \end{cases}$$

①번 식과 ②번 식 비교 : $2a=-2$

$$\therefore\ a=-1$$

09-2. 정답 : $a\neq-3$

(풀이) $x+3y=3$을 양변 $\times(-1)$

$$\rightarrow \begin{cases} -x - 3y = -3 & \cdots ① \\ -x - 3y = a & \cdots ② \end{cases}$$

①번 식과 ②번 식 비교 : $-3\neq a$

$$\therefore\ a\neq-3$$

09-3. 정답 : $a=2$

(풀이) $x-ay=2$를 양변 $\times2$

$$\rightarrow \begin{cases} 2x - 2ay = 4 & \cdots ① \\ 2x - 4y = 4 & \cdots ② \end{cases}$$

①번 식과 ②번 식 비교 : $2a=4$

$$\therefore\ a=2$$

09-4. 정답 : $a=-1$

(풀이) $2x+3ay=2$를 양변 $\times(-2)$

$$\rightarrow \begin{cases} -4x - 6ay = -4 & \cdots ① \\ -4x + 6y = 4 & \cdots ② \end{cases}$$

①번 식과 ②번 식 비교 : $-6a=6$

$$\therefore\ a=-1$$

09-5. 정답 : $a=-1$

(풀이) $x+(1-a)y=4$를 양변 $\times(-1)$ 하면

$$\rightarrow \begin{cases} -x - (1-a)y = -4 & \cdots ① \\ -x + 2ay = 4 & \cdots ② \end{cases}$$

①번 식과 ②번 식 비교 : $-(1-a)=2a$

$$\therefore a = -1$$

09-6. 정답 : $a = 2$

(풀이) $x - 2y = a + 1$을 양변 $\times 2$

$$\rightarrow \begin{cases} 2x - 4y = 2a + 2 \cdots ① \\ 2x - 4y = 3a \quad\ \cdots ② \end{cases}$$

①번 식과 ②번 식 비교 : $2a + 2 = 3a$

$$\therefore a = 2$$

10-1. 정답 : $a = -1,\ b = 1$

(풀이)

$$\rightarrow \begin{cases} a \times 1 + 2 \times 3 = 5 \\ -2 \times 1 + b \times 3 = 1 \end{cases}$$

$$\rightarrow \begin{cases} a = 5 - 6 \\ 3b = 1 + 2 \end{cases} \rightarrow \begin{cases} a = -1 \\ b = 1 \end{cases}$$

$$\therefore a = -1,\ b = 1$$

10-2. 정답 : $a = 0,\ b = -1$

(풀이)

$$\rightarrow \begin{cases} 2 \times 1 + a \times 1 = 2 \\ b \times 1 + 1 = 0 \end{cases}$$

$$\rightarrow \begin{cases} a = 2 - 2 \\ b = -1 \end{cases} \rightarrow \begin{cases} a = 0 \\ b = -1 \end{cases}$$

$$\therefore a = 0,\ b = -1$$

10-3. 정답 : $a = 1,\ b = -4$

(풀이)

$$\rightarrow \begin{cases} a \times 4 + 3 \times 1 = 7 \\ 2 \times 4 + b \times 1 = 4 \end{cases}$$

$$\rightarrow \begin{cases} 4a = 7 - 3 \\ b = 4 - 8 \end{cases} \rightarrow \begin{cases} a = 1 \\ b = -4 \end{cases}$$

$$\therefore a = 1,\ b = -4$$

10-4. 정답 : $a = -1,\ b = 5$

(풀이)

$$\rightarrow \begin{cases} a \times 3 + 3 \times 2 = 3 \\ 3 - a \times 2 = b \end{cases} \rightarrow \begin{cases} 3a = 3 - 6 \\ 3 - 2a = b \end{cases} \rightarrow \begin{cases} a = -1 \\ 3 - 2a = b \end{cases}$$

$$\rightarrow \begin{cases} a = -1 \\ 3 - 2 \times (-1) = b \end{cases} \rightarrow \begin{cases} a = -1 \\ b = 5 \end{cases}$$

$$\therefore a = -1,\ b = 5$$

10-5. 정답 : $a = -2,\ b = -5$

(풀이)

$$\rightarrow \begin{cases} a \times 1 + b \times (-1) = 3 \\ 2a \times 1 + b \times (-1) = 1 \end{cases}$$

$$\rightarrow \begin{cases} a - b = 3 \\ 2a - b = 1 \end{cases} \rightarrow \text{연립하기(생략)} \rightarrow \begin{cases} a = -2 \\ b = -5 \end{cases}$$

$$\therefore a = -2,\ b = -5$$

10-6. 정답 : $a = 1,\ b = 1$

(풀이)

$$\rightarrow \begin{cases} a \times 2 + b \times 2 = 4 \\ 2a \times 2 - b \times 2 = 2 \end{cases}$$

$$\rightarrow \begin{cases} 2a + 2b = 4 \\ 4a - 2b = 2 \end{cases} \rightarrow \text{연립하기(생략)} \rightarrow \begin{cases} a = 1 \\ b = 1 \end{cases}$$

$$\therefore a = 1,\ b = 1$$

O3 방정식 – 이차 방정식

방정식과 부등식

p.70~79

11-1. 정답 : $x = -7,\ x = 2$

(풀이)

$$x^2 \quad +5x \quad -14 \quad = \quad 0$$

x 와 $+7$의 곱 $+7x$

x 와 -2의 곱 $-2x$

$+5x$

$\rightarrow (x + 7)(x - 2) = 0$

$$\therefore x = -7 \text{ 또는 } x = 2$$

11-2. 정답 : $x = 5,\ x = 1$

(풀이)

$$x^2 \quad -6x \quad +5 \quad = \quad 0$$

x 와 -5의 곱 $-5x$

x 와 -1의 곱 $-x$

$-6x$

$\rightarrow (x - 5)(x - 1) = 0$

$$\therefore x = 5 \text{ 또는 } x = 1$$

11-3. 정답 : $x = -4$ (중근)

(풀이)

$$x^2 \quad +8x \quad +16 \quad = \quad 0$$

x 와 $+4$의 곱 $+4x$

x 와 $+4$의 곱 $+4x$

$+8x$

$\rightarrow (x + 4)(x + 4) = 0$ (또는 $(x + 4)^2 = 0$)

$$\therefore x = -4 \text{ (중근)}$$

11-4. 정답 : $x = -\dfrac{1}{2},\ x = 7$

(풀이)

$$2x^2 \quad -13x \quad -7 \quad = \quad 0$$

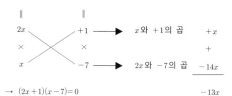

$2x$ $+1$ ⟶ x와 $+1$의 곱 $+x$
$\times$ $\times$ $+$
x -7 ⟶ $2x$와 -7의 곱 $\underline{-14x}$

→ $(2x+1)(x-7)=0$ $-13x$

$$\therefore \ x=-\frac{1}{2} \ \text{또는} \ x=7$$

11-5. 정답 : $x=\dfrac{5}{3}, \ x=-1$

(풀이)

$3x^2 \quad -2x \quad -5 \ = \ 0$

$3x$ -5 ⟶ x와 -5의 곱 $-5x$
$\times$ $\times$ $+$
x $+1$ ⟶ $3x$와 $+1$의 곱 $\underline{+3x}$
                             $-2x$

→ $(3x-5)(x+1)=0$

$$\therefore \ x=\frac{5}{3} \ \text{또는} \ x=-1$$

12-1. 정답 : $x=2, \ x=1$

(풀이) 양변 $\times(-1) \ \rightarrow \ x^2-3x+2=0$

$x^2 \quad -3x \quad +2 \ = \ 0$

x -2 ⟶ x와 -2의 곱 $-2x$
$\times$ $\times$ $+$
x -1 ⟶ x와 -1의 곱 $\underline{-x}$
                             $-3x$

→ $(x-2)(x-1)=0$

준 식 인수분해 : $-(x-2)(x-1)=0$

$$\therefore \ x=2 \ \text{또는} \ x=1$$

12-2. 정답 : $x=-5, \ x=-1$

(풀이) 양변 $\times(-1) \ \rightarrow \ x^2+6x+5=0$

$x^2 \quad +6x \quad +5 \ = \ 0$

x $+5$ ⟶ x와 $+5$의 곱 $+5x$
$\times$ $\times$ $+$
x $+1$ ⟶ x와 $+1$의 곱 $\underline{+x}$
                             $+6x$

→ $(x+5)(x+1)=0$

준 식 인수분해 : $-(x+5)(x+1)=0$

$$\therefore \ x=-5 \ \text{또는} \ x=-1$$

12-3. 정답 : $x=-6, \ x=2$

(풀이) 양변 $\times(-1) \ \rightarrow \ x^2+4x-12=0$

$x^2 \quad +4x \quad -12 \ = \ 0$

x $+6$ ⟶ x와 $+6$의 곱 $+6x$
$\times$ $\times$ $+$
x -2 ⟶ x와 -2의 곱 $\underline{-2x}$
                             $+4x$

→ $(x+6)(x-2)=0$

준 식 인수분해 : $-(x+6)(x-2)=0$

$$\therefore \ x=-6 \ \text{또는} \ x=2$$

12-4. 정답 : $x=\dfrac{1}{2}, \ x=2$

(풀이) 양변 $\times(-1) \ \rightarrow \ 2x^2-5x+2=0$

$2x^2 \quad -5x \quad +2 \ = \ 0$

$2x$ -1 ⟶ x와 -1의 곱 $-x$
$\times$ $\times$ $+$
x -2 ⟶ $2x$와 -2의 곱 $\underline{-4x}$
                             $-5x$

→ $(2x-1)(x-2)=0$

준 식 인수분해 : $-(2x-1)(x-2)=0$

$$\therefore \ x=\frac{1}{2} \ \text{또는} \ x=2$$

12-5. 정답 : $x=-\dfrac{3}{4}, \ x=1$

(풀이) 양변 $\times(-1) \ \rightarrow \ 4x^2-x-3=0$

$4x^2 \quad -x \quad -3 \ = \ 0$

$4x$ $+3$ ⟶ x와 $+3$의 곱 $+3x$
$\times$ $\times$ $+$
x -1 ⟶ $4x$와 -1의 곱 $\underline{-4x}$
                             $-x$

→ $(4x+3)(x-1)=0$

준 식 인수분해 : $-(4x+3)(x-1)=0$

$$\therefore \ x=-\frac{3}{4} \ \text{또는} \ x=1$$

13-1. 정답 : $x=-1\pm\sqrt{2}$

(풀이)

준 식 → $(x^2+2x)-1=0$

      → $(x^2+2x+(+1)^2-(+1)^2)-1=0$

      → $(x^2+2x+(+1)^2)-1-1=0$

      → $(x+1)^2=2$

      → $x+1=\pm\sqrt{2}$

$$\therefore \; x=-1\pm\sqrt{2} \; (또는 \; x=-1+\sqrt{2}, \; x=-1-\sqrt{2})$$

13-2. 정답 : $x=2\pm\sqrt{2}$

(풀이)

$$준\;식 \;\to\; (x^2-4x)+2=0$$
$$\to\; (x^2-4x+(-2)^2-(-2)^2)+2=0$$
$$\to\; (x^2-4x+(-2)^2)-4+2=0$$
$$\to\; (x-2)^2=2$$
$$\to\; x-2=\pm\sqrt{2}$$
$$\therefore \; x=2\pm\sqrt{2} \; (또는 \; x=2+\sqrt{2}, \; x=2-\sqrt{2})$$

13-3. 정답 : $x=-3\pm\sqrt{7}$

(풀이)

$$준\;식 \;\to\; (x^2+6x)+2=0$$
$$\to\; (x^2+6x+(+3)^2-(+3)^2)+2=0$$
$$\to\; (x^2+6x+(+3)^2)-9+2=0$$
$$\to\; (x+3)^2=7$$
$$\to\; x+3=\pm\sqrt{7}$$
$$\therefore \; x=-3\pm\sqrt{7} \; (또는 \; x=-3+\sqrt{7}, \; x=-3-\sqrt{7})$$

13-4. 정답 : $x=1\pm\sqrt{5}$

(풀이)

$$준\;식 \;\to\; (x^2-2x)-4=0$$
$$\to\; (x^2-2x+(-1)^2-(-1)^2)-4=0$$
$$\to\; (x^2-2x+(-1)^2)-1-4=0$$
$$\to\; (x-1)^2=5$$
$$\to\; x-1=\pm\sqrt{5}$$
$$\therefore \; x=1\pm\sqrt{5} \; (또는 \; x=1+\sqrt{5}, \; x=1-\sqrt{5})$$

13-5. 정답 : $x=-4\pm\sqrt{14}$

(풀이)

$$준\;식 \;\to\; (x^2+8x)+2=0$$
$$\to\; (x^2+8x+(+4)^2-(+4)^2)+2=0$$
$$\to\; (x^2+8x+(+4)^2)-16+2=0$$
$$\to\; (x+4)^2=14$$
$$\to\; x+4=\pm\sqrt{14}$$
$$\therefore \; x=-4\pm\sqrt{14} \; (또는 \; x=-4+\sqrt{14}, \; x=-4-\sqrt{14})$$

14-1. 정답 : $x=-\dfrac{1}{2}\pm\dfrac{\sqrt{5}}{2}$

(풀이)

$$준\;식 \;\to\; (x^2+x)-1=0$$

$$\to\; \left(x^2+x+\left(+\dfrac{1}{2}\right)^2-\left(+\dfrac{1}{2}\right)^2\right)-1=0$$
$$\to\; \left(x^2+x+\left(+\dfrac{1}{2}\right)^2\right)-\dfrac{1}{4}-1=0$$
$$\to\; \left(x+\dfrac{1}{2}\right)^2=\dfrac{5}{4}$$
$$\to\; x+\dfrac{1}{2}=\pm\dfrac{\sqrt{5}}{2}$$
$$\therefore \; x=-\dfrac{1}{2}\pm\dfrac{\sqrt{5}}{2} \; (또는 \; x=-\dfrac{1}{2}+\dfrac{\sqrt{5}}{2}, \; x=-\dfrac{1}{2}-\dfrac{\sqrt{5}}{2})$$

14-2. 정답 : $x=-\dfrac{1}{2}\pm\dfrac{\sqrt{13}}{2}$

(풀이)

$$준\;식 \;\to\; (x^2+x)-3=0$$
$$\to\; \left(x^2+x+\left(+\dfrac{1}{2}\right)^2-\left(+\dfrac{1}{2}\right)^2\right)-3=0$$
$$\to\; \left(x^2+x+\left(+\dfrac{1}{2}\right)^2\right)-\dfrac{1}{4}-3=0$$
$$\to\; \left(x+\dfrac{1}{2}\right)^2=\dfrac{13}{4}$$
$$\to\; x+\dfrac{1}{2}=\pm\dfrac{\sqrt{13}}{2}$$
$$\therefore \; x=-\dfrac{1}{2}\pm\dfrac{\sqrt{13}}{2} \; (또는 \; x=-\dfrac{1}{2}+\dfrac{\sqrt{13}}{2}, \; x=-\dfrac{1}{2}-\dfrac{\sqrt{13}}{2})$$

14-3. 정답 : $x=\dfrac{3}{2}\pm\dfrac{\sqrt{5}}{2}$

(풀이)

$$준\;식 \;\to\; (x^2-3x)+1=0$$
$$\to\; \left(x^2-3x+\left(-\dfrac{3}{2}\right)^2-\left(-\dfrac{3}{2}\right)^2\right)+1=0$$
$$\to\; \left(x^2-3x+\left(-\dfrac{3}{2}\right)^2\right)-\dfrac{9}{4}+1=0$$
$$\to\; \left(x-\dfrac{3}{2}\right)^2=\dfrac{5}{4}$$
$$\to\; x-\dfrac{3}{2}=\pm\dfrac{\sqrt{5}}{2}$$
$$\therefore \; x=\dfrac{3}{2}\pm\dfrac{\sqrt{5}}{2} \; (또는 \; x=\dfrac{3}{2}+\dfrac{\sqrt{5}}{2}, \; x=\dfrac{3}{2}-\dfrac{\sqrt{5}}{2})$$

14-4. 정답 : $x=-\dfrac{5}{2}\pm\dfrac{\sqrt{29}}{2}$

(풀이)

$$준\;식 \;\to\; (x^2+5x)-1=0$$
$$\to\; \left(x^2+5x+\left(+\dfrac{5}{2}\right)^2-\left(+\dfrac{5}{2}\right)^2\right)-1=0$$
$$\to\; \left(x^2+5x+\left(+\dfrac{5}{2}\right)^2\right)-\dfrac{25}{4}-1=0$$
$$\to\; \left(x+\dfrac{5}{2}\right)^2=\dfrac{29}{4}$$
$$\to\; x+\dfrac{5}{2}=\pm\dfrac{\sqrt{29}}{2}$$
$$\therefore \; x=-\dfrac{5}{2}\pm\dfrac{\sqrt{29}}{2} \; (또는 \; x=-\dfrac{5}{2}+\dfrac{\sqrt{29}}{2}, \; x=-\dfrac{5}{2}-\dfrac{\sqrt{29}}{2})$$

14-5. 정답 : $x=-\dfrac{7}{2}\pm\dfrac{\sqrt{29}}{2}$

(풀이)

$$준\;식 \;\to\; (x^2+7x)+5=0$$

$$\rightarrow \left(x^2+7x+\left(+\frac{7}{2}\right)^2-\left(+\frac{7}{2}\right)^2\right)+5=0$$

$$\rightarrow \left(x^2+7x+\left(+\frac{7}{2}\right)^2\right)-\frac{49}{4}+5=0$$

$$\rightarrow \left(x+\frac{7}{2}\right)^2=\frac{29}{4}$$

$$\rightarrow x+\frac{7}{2}=\pm\frac{\sqrt{29}}{2}$$

$$\therefore\ x=-\frac{7}{2}\pm\frac{\sqrt{29}}{2}\ (\text{또는 } x=-\frac{7}{2}+\frac{\sqrt{29}}{2},\ x=-\frac{7}{2}-\frac{\sqrt{29}}{2})$$

15-1. 정답 : $x=\frac{1}{4}\pm\frac{\sqrt{17}}{4}$

(풀이)

$$준\ 식 \rightarrow 2\left(x^2-\frac{1}{2}x\right)-2=0$$

$$\rightarrow 2\left(x^2-\frac{1}{2}x+\left(-\frac{1}{4}\right)^2-\left(-\frac{1}{4}\right)^2\right)-2=0$$

$$\rightarrow 2\left(x^2-\frac{1}{2}x+\left(-\frac{1}{4}\right)^2\right)-\frac{1}{8}-2=0$$

$$\rightarrow 2\left(x-\frac{1}{4}\right)^2=\frac{17}{8}$$

$$\rightarrow \left(x-\frac{1}{4}\right)^2=\frac{17}{16} \rightarrow x-\frac{1}{4}=\pm\frac{\sqrt{17}}{4}$$

$$\therefore\ x=\frac{1}{4}\pm\frac{\sqrt{17}}{4}\ (\text{또는 } x=\frac{1}{4}+\frac{\sqrt{17}}{4},\ x=\frac{1}{4}-\frac{\sqrt{17}}{4})$$

15-2. 정답 : $x=-\frac{1}{3}\pm\frac{\sqrt{7}}{3}$

(풀이)

$$준\ 식 \rightarrow 3\left(x^2+\frac{2}{3}x\right)-2=0$$

$$\rightarrow 3\left(x^2+\frac{2}{3}x+\left(+\frac{1}{3}\right)^2-\left(+\frac{1}{3}\right)^2\right)-2=0$$

$$\rightarrow 3\left(x^2+\frac{2}{3}x+\left(+\frac{1}{3}\right)^2\right)-\frac{1}{3}-2=0$$

$$\rightarrow 3\left(x+\frac{1}{3}\right)^2=\frac{7}{3}$$

$$\rightarrow \left(x+\frac{1}{3}\right)^2=\frac{7}{9} \rightarrow x+\frac{1}{3}=\pm\frac{\sqrt{7}}{3}$$

$$\therefore\ x=-\frac{1}{3}\pm\frac{\sqrt{7}}{3}\ (\text{또는 } x=-\frac{1}{3}+\frac{\sqrt{7}}{3},\ x=-\frac{1}{3}-\frac{\sqrt{7}}{3})$$

15-3. 정답 : $x=-\frac{3}{4}\pm\frac{\sqrt{41}}{4}$

(풀이)

$$준\ 식 \rightarrow -2\left(x^2+\frac{3}{2}x\right)+4=0$$

$$\rightarrow -2\left(x^2+\frac{3}{2}x+\left(+\frac{3}{4}\right)^2-\left(+\frac{3}{4}\right)^2\right)+4=0$$

$$\rightarrow -2\left(x^2+\frac{3}{2}x+\left(+\frac{3}{4}\right)^2\right)+\frac{9}{8}+4=0$$

$$\rightarrow -2\left(x+\frac{3}{4}\right)^2=-\frac{41}{8}$$

$$\rightarrow \left(x+\frac{3}{4}\right)^2=\frac{41}{16} \rightarrow x+\frac{3}{4}=\pm\frac{\sqrt{41}}{4}$$

$$\therefore\ x=-\frac{3}{4}\pm\frac{\sqrt{41}}{4}\ (\text{또는 } x=-\frac{3}{4}+\frac{\sqrt{41}}{4},\ x=-\frac{3}{4}-\frac{\sqrt{41}}{4})$$

15-4. 정답 : $x=-3\pm\sqrt{11}$

(풀이)

$$준\ 식 \rightarrow \frac{1}{2}(x^2+6x)-1=0$$

$$\rightarrow \frac{1}{2}(x^2+6x+(+3)^2-(+3)^2)-1=0$$

$$\rightarrow \frac{1}{2}(x^2+6x+(+3)^2)-\frac{9}{2}-1=0$$

$$\rightarrow \frac{1}{2}(x+3)^2=\frac{11}{2}$$

$$\rightarrow (x+3)^2=11 \rightarrow x+3=\pm\sqrt{11}$$

$$\therefore\ x=-3\pm\sqrt{11}\ (\text{또는 } x=-3+\sqrt{11},\ x=-3-\sqrt{11})$$

15-5. 정답 : $x=-6\pm\sqrt{33}$

(풀이)

$$준\ 식 \rightarrow \frac{1}{3}(x^2+12x)+1=0$$

$$\rightarrow \frac{1}{3}(x^2+12x+(+6)^2-(+6)^2)+1=0$$

$$\rightarrow \frac{1}{3}(x^2+12x+(+6)^2)-12+1=0$$

$$\rightarrow \frac{1}{3}(x+6)^2=11$$

$$\rightarrow (x+6)^2=33 \rightarrow x+6=\pm\sqrt{33}$$

$$\therefore\ x=-6\pm\sqrt{33}\ (\text{또는 } x=-6+\sqrt{33},\ x=-6-\sqrt{33})$$

16-1. 정답 : $x=2\pm\sqrt{7}$

(풀이)

$$a=1\ \ ,\ b=-4\ \ ,\ c=-3$$

$$\rightarrow x=\frac{-(-4)\pm\sqrt{(-4)^2-4\times1\times(-3)}}{2\times1}$$

$$=\frac{4\pm\sqrt{16+12}}{2}$$

$$=\frac{4\pm\sqrt{28}}{2}\ =\ \frac{4\pm2\sqrt{7}}{2}\ =\ 2\pm\sqrt{7}$$

$$\therefore\ x=2\pm\sqrt{7}\ (\text{또는 } x=2+\sqrt{7},\ x=2-\sqrt{7})$$

16-2. 정답 : $\frac{5\pm\sqrt{21}}{2}$

(풀이)

$$a=1\ \ ,\ b=-5\ \ ,\ c=1$$

$$\rightarrow x=\frac{-(-5)\pm\sqrt{(-5)^2-4\times1\times1}}{2\times1}$$

$$=\frac{5\pm\sqrt{25-4}}{2}$$

$$=\frac{5\pm\sqrt{21}}{2}$$

$$\therefore\ \frac{5\pm\sqrt{21}}{2}\ (\text{또는 } \frac{5+\sqrt{21}}{2},\ \frac{5-\sqrt{21}}{2})$$

16-3. 정답 : $x=4\pm\sqrt{11}$

(풀이)

$$a=1\ \ ,\ b=-8\ \ ,\ c=5$$

$$\rightarrow x = \frac{-(-8) \pm \sqrt{(-8)^2 - 4 \times 1 \times 5}}{2 \times 1}$$

$$= \frac{8 \pm \sqrt{64 - 20}}{2}$$

$$= \frac{8 \pm \sqrt{44}}{2} = \frac{8 \pm 2\sqrt{11}}{2} = 4 \pm \sqrt{11}$$

$$\therefore \ x = 4 \pm \sqrt{11} \ (\text{또는} \ x = 4 + \sqrt{11}, \ x = 4 - \sqrt{11})$$

16-4. 정답 : $x = 1, \ x = -\dfrac{4}{5}$

(풀이)

$$a = 5 \quad, b = -1 \quad, c = -4$$

$$\rightarrow x = \frac{-(-1) \pm \sqrt{(-1)^2 - 4 \times 5 \times (-4)}}{2 \times 5}$$

$$= \frac{1 \pm \sqrt{1 + 80}}{10}$$

$$= \frac{1 \pm \sqrt{81}}{10} = \frac{1 \pm 9}{10}$$

$$\therefore \ x = 1, \ x = -\frac{4}{5}$$

16-5. 정답 : $x = \dfrac{-4 \pm \sqrt{31}}{3}$

(풀이)

$$a = 3 \quad, b = 8 \quad, c = -5$$

$$\rightarrow x = \frac{-8 \pm \sqrt{8^2 - 4 \times 3 \times (-5)}}{2 \times 3}$$

$$= \frac{-8 \pm \sqrt{64 + 60}}{6}$$

$$= \frac{-8 \pm \sqrt{124}}{6} = \frac{-8 \pm 2\sqrt{31}}{6} = \frac{-4 \pm \sqrt{31}}{3}$$

$$\therefore \ x = \frac{-4 \pm \sqrt{31}}{3} \ (\text{또는} \ x = \frac{-4 + \sqrt{31}}{3}, \ x = \frac{-4 - \sqrt{31}}{3})$$

17-1. 정답 : 0개

(풀이)

$$a = 1, \quad b = 2, \quad c = 5$$

$$\rightarrow D = 2^2 - 4 \times 1 \times 5 = 4 - 20 < 0$$

$$\therefore \ 0\text{개}$$

17-2. 정답 : 2개

(풀이)

$$a = 1, \quad b = -4, \quad c = 2$$

$$\rightarrow D = (-4)^2 - 4 \times 1 \times 2 = 16 - 8 > 0$$

$$\therefore \ 2\text{개}$$

17-3. 정답 : 2개

(풀이)

$$a = 2, \quad b = 5, \quad c = -1$$

$$\rightarrow D = 5^2 - 4 \times 2 \times (-1) = 25 + 8 > 0$$

$$\therefore \ 2\text{개}$$

17-4. 정답 : 2개

(풀이)

$$a = -1, \quad b = -3, \quad c = 1$$

$$\rightarrow D = (-3)^2 - 4 \times (-1) \times 1 = 9 + 4 > 0$$

$$\therefore \ 2\text{개}$$

17-5. 정답 : 0개

(풀이)

$$a = 3, \quad b = -2, \quad c = 1$$

$$\rightarrow D = (-2)^2 - 4 \times 3 \times 1 = 4 - 12 < 0$$

$$\therefore \ 0\text{개}$$

17-6. 정답 : 1개

(풀이)

$$a = -4, \quad b = -4, \quad c = -1$$

$$\rightarrow D = (-4)^2 - 4 \times (-4) \times (-1) = 16 - 16 = 0$$

$$\therefore \ 1\text{개}$$

18-1. 정답 : $\alpha < 9$

(풀이)

$$a = 1, \quad b = 6, \quad c = \alpha$$

$$\rightarrow D = 6^2 - 4 \times 1 \times \alpha = 36 - 4\alpha > 0$$

$$\therefore \ \alpha < 9$$

18-2. 정답 : $\alpha = \dfrac{9}{8}$

(풀이)

$$a = 2, \quad b = 1, \quad c = \alpha - 1$$

$$\rightarrow D = 1^2 - 4 \times 2 \times (\alpha - 1) = 1 - 8\alpha + 8 = 0$$

$$\therefore \ \alpha = \frac{9}{8}$$

18-3. 정답 : $\alpha < -\dfrac{9}{8}$

(풀이)

$$a = -1, \quad b = 3, \quad c = 2\alpha$$

$$\rightarrow D = 3^2 - 4 \times (-1) \times 2\alpha = 9 + 8\alpha < 0$$

$$\therefore \ \alpha < -\frac{9}{8}$$

18-4. 정답 : $\alpha < 0$

(풀이)

$$a = 1, \quad b = 2, \quad c = \alpha + 1$$

$$\rightarrow D = 2^2 - 4 \times 1 \times (\alpha + 1) = 4 - 4\alpha - 4 > 0$$

$$\therefore \ \alpha < 0$$

18-5. 정답 : $\alpha=-\dfrac{4}{3}$

(풀이)

$a=-\alpha,\quad b=4,\quad c=3$

$\rightarrow\ D\ =\ 4^2-4\times(-\alpha)\times3\ =\ 16+12\alpha\ =\ 0$

$$\therefore\ \alpha=-\frac{4}{3}$$

18-6. 정답 : $\alpha>\dfrac{1}{4}$

(풀이)

$a=\alpha+2,\quad b=6,\quad c=4$

$\rightarrow\ D\ =\ 6^2-4\times(\alpha+2)\times4\ =\ 36-16\alpha-32\ <\ 0$

$$\therefore\ \alpha>\frac{1}{4}$$

19-1. 정답 : $\alpha+\beta=2,\ \alpha\beta=2$

(풀이)

$a=1,\quad b=-2,\quad c=2$

$\rightarrow\ \alpha+\beta=-\dfrac{-2}{1}=2$

$\rightarrow\ \alpha\beta=\dfrac{2}{1}=2$

$$\therefore\ \alpha+\beta=2,\ \alpha\beta=2$$

19-2. 정답 : $\alpha+\beta=-4,\ \alpha\beta=1$

(풀이)

$a=1,\quad b=4,\quad c=1$

$\rightarrow\ \alpha+\beta=-\dfrac{4}{1}=-4$

$\rightarrow\ \alpha\beta=\dfrac{1}{1}=1$

$$\therefore\ \alpha+\beta=-4,\ \alpha\beta=1$$

19-3. 정답 : $\alpha+\beta=-5,\ \alpha\beta=2$

(풀이)

$a=1,\quad b=5,\quad c=2$

$\rightarrow\ \alpha+\beta=-\dfrac{5}{1}=-5$

$\rightarrow\ \alpha\beta=\dfrac{2}{1}=2$

$$\therefore\ \alpha+\beta=-5,\ \alpha\beta=2$$

19-4. 정답 : $\alpha+\beta=\dfrac{4}{3},\ \alpha\beta=-\dfrac{2}{3}$

(풀이)

$a=-3,\quad b=4,\quad c=2$

$\rightarrow\ \alpha+\beta=-\dfrac{4}{-3}=\dfrac{4}{3}$

$\rightarrow\ \alpha\beta=\dfrac{2}{-3}=-\dfrac{2}{3}$

$$\therefore\ \alpha+\beta=\frac{4}{3},\ \alpha\beta=-\frac{2}{3}$$

19-5. 정답 : $\alpha+\beta=\dfrac{5}{2},\ \alpha\beta=-\dfrac{2}{3}$

(풀이)

$a=2,\quad b=-5,\quad c=-3$

$\rightarrow\ \alpha+\beta=-\dfrac{-5}{2}=\dfrac{5}{2}$

$\rightarrow\ \alpha\beta=\dfrac{-3}{2}=-\dfrac{3}{2}$

$$\therefore\ \alpha+\beta=\frac{5}{2},\ \alpha\beta=-\frac{2}{3}$$

19-6. 정답 : $\alpha+\beta=\dfrac{3}{5},\ \alpha\beta=-2$

(풀이)

$a=-5,\quad b=3,\quad c=10$

$\rightarrow\ \alpha+\beta=-\dfrac{3}{-5}=\dfrac{3}{5}$

$\rightarrow\ \alpha\beta=\dfrac{10}{-5}=-2$

$$\therefore\ \alpha+\beta=\frac{3}{5},\ \alpha\beta=-2$$

20-1. 정답 : $x^2+x-2=0$

(풀이)

(방법 1)

두 근 $-2,\ 1:a(x+2)(x-1)=0\ \rightarrow\ ax^2+ax-2a=0$

x^2의 계수가 $1:a=1$

$\therefore\ x^2+x-2=0$

(방법 2) $x^2+ax+b=0$에 대하여

두 근의 합 : $(-2)+1=-1=\alpha+\beta=-\dfrac{a}{1}=-a\ \therefore\ a=1$

두 근의 곱 : $(-2)\times1=-2=\alpha\beta=\dfrac{b}{1}=b\ \therefore\ b=-2$

$\therefore\ x^2+x-2=0$

20-2. 정답 : $x^2-3x+2=0$

(풀이)

(방법 1)

두 근 $1,\ 2:a(x-1)(x-2)=0\ \rightarrow\ ax^2-3ax+2a=0$

x^2의 계수가 $1:a=1$

$\therefore\ x^2-3x+2=0$

(방법 2) $x^2+ax+b=0$에 대하여

두 근의 합 : $1+2=3=\alpha+\beta=-\dfrac{a}{1}=-a\ \therefore\ a=-3$

두 근의 곱 : $1\times2=2=\alpha\beta=\dfrac{b}{1}=b\ \therefore\ b=2$

$\therefore\ x^2-3x+2=0$

20-3. 정답 : $x^2-5x=0$

(풀이)

(방법 1)

두 근 0, 5 : $a(x-0)(x-5)=0 \rightarrow ax^2-5ax=0$

x^2의 계수가 1 : $a=1$

$\therefore x^2-5x=0$

(방법 2) $x^2+ax+b=0$에 대하여

두 근의 합 : $0+5=5=\alpha+\beta=-\dfrac{a}{1}=-a \therefore a=-5$

두 근의 곱 : $0\times5=0=\alpha\beta=\dfrac{b}{1}=b \therefore b=0$

$\therefore x^2-5x=0$

20-4. 정답 : $x^2-2x+\dfrac{8}{9}=0$

(풀이)

(방법 1)

두 근 $\dfrac{2}{3}$, $\dfrac{4}{3}$: $a\left(x-\dfrac{2}{3}\right)\left(x-\dfrac{4}{3}\right)=0 \rightarrow ax^2-2ax+\dfrac{9}{8}a=0$

x^2의 계수가 1 : $a=1$

$\therefore x^2-2x+\dfrac{8}{9}=0$

(방법 2) $x^2+ax+b=0$에 대하여

두 근의 합 : $\dfrac{2}{3}+\dfrac{4}{3}=2=\alpha+\beta=-\dfrac{a}{1}=-a \therefore a=-2$

두 근의 곱 : $\dfrac{2}{3}\times\dfrac{4}{3}=\dfrac{8}{9}=\alpha\beta=\dfrac{b}{1}=b \therefore b=\dfrac{8}{9}$

$\therefore x^2-2x+\dfrac{8}{9}=0$

20-5. 정답 : $x^2-2x-1=0$

(풀이)

(방법 1)

두 근 $1+\sqrt{2}$, $1-\sqrt{2}$: $a(x-(1+\sqrt{2}))(x-(1-\sqrt{2}))=0$

$\rightarrow ax^2-2ax-a=0$

x^2의 계수가 1 : $a=1$

$\therefore x^2-2x-1=0$

(방법 2) $x^2+ax+b=0$에 대하여

두 근의 합 : $(1+\sqrt{2})+(1-\sqrt{2})=2=\alpha+\beta=-\dfrac{a}{1}=-a \therefore a=-2$

두 근의 곱 : $(1+\sqrt{2})\times(1-\sqrt{2})=-1=\alpha\beta=\dfrac{b}{1}=b \therefore b=-1$

$\therefore x^2-2x-1=0$

p.80~84

01-1. 정답 : $x<1$

(풀이)

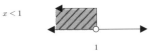

$x<1$

01-2. 정답 : $x\ge2$

(풀이)

$x\ge2$

01-3. 정답 : $x\le4$

(풀이)

$x\le4$

01-4. 정답 : $x>-2$

(풀이)

$x>-2$

01-5. 정답 : $x\le\dfrac{1}{2}$

(풀이)

$x\le\dfrac{1}{2}$

01-6. 정답 : $x\ge0$

(풀이)

$x\ge0$

02-1. 정답 : $x<1, \ x>2$

(풀이)

$x<1, \ x>2$

02-2. 정답 : $0 \leq x < 1$

(풀이)

$0 \leq x < 1$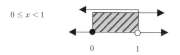

02-3. 정답 : $x \leq -1,\ x \geq 1$

(풀이)

$x \leq -1,\ x \geq 1$

02-4. 정답 : $x < 0,\ x \geq 3$

(풀이)

$x < 0,\ x \geq 3$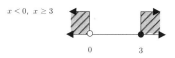

02-5. 정답 : $-2 \leq x \leq 1$

(풀이)

$-2 \leq x \leq 1$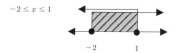

02-6. 정답 : $x \leq -1,\ x > 2$

(풀이)

$x \leq -1,\ x > 2$

03-1. 정답 : $x < 1$

(풀이)

준 식 $\rightarrow x < 1$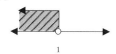

03-2. 정답 : $x \geq -3$

(풀이)

준 식 $\rightarrow x \geq -3$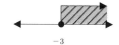

03-3. 정답 : $x \leq 3$

(풀이)

준 식 $\rightarrow x \leq 3$

03-4. 정답 : $x > -4$

(풀이)

준 식 $\rightarrow x > -4$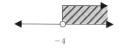

03-5. 정답 : $x \leq -5$

(풀이)

준 식 $\rightarrow x \leq -5$

03-6. 정답 : $x > \dfrac{1}{2}$

(풀이)

준 식 $\rightarrow x > \dfrac{1}{2}$

04-1. 정답 : $x < -1$

(풀이)

준 식 $\rightarrow -x > 1 \rightarrow x < -1$

04-2. 정답 : $x \geq -\dfrac{3}{2}$

(풀이)

준 식 $\rightarrow 2x \geq -3 \rightarrow x \geq -\dfrac{3}{2}$

04-3. 정답 : $x \geq 2$

(풀이)

준 식 $\rightarrow -3x \leq -6 \rightarrow x \geq 2$

04-4. 정답 : $x < 2$

(풀이)

준 식 $\rightarrow$ $2x < 4$ $\rightarrow$ $x < 2$

04-5. 정답 : $x > 6$

(풀이)

준 식 $\rightarrow$ $-\dfrac{1}{2}x < -3$ $\rightarrow$ $x > 6$

04-6. 정답 : $x \geq -6$

(풀이)

준 식 $\rightarrow$ $\dfrac{2}{3}x \geq -4$ $\rightarrow$ $x \geq -6$

05-1. 정답 : $a = 2$

(풀이)

준 식 $\rightarrow$ $ax > 4$

주어진 해와 부등호 방향이 같으므로 a는 양수!

$$x > \dfrac{4}{a} \rightarrow \dfrac{4}{a} = 2$$

$\therefore$ $a = 2$

05-2. 정답 : $a = 2$

(풀이)

준 식 $\rightarrow$ $ax > 6$

주어진 해와 부등호 방향이 같으므로 a는 양수!

$$x > \dfrac{6}{a} \rightarrow \dfrac{6}{a} = 3$$

$\therefore$ $a = 2$

05-3. 정답 : $a = -\dfrac{1}{2}$

(풀이)

준 식 $\rightarrow$ $ax < 2$

주어진 해와 부등호 방향이 다르므로 a는 음수!

$$x > \dfrac{2}{a} \rightarrow \dfrac{2}{a} = -4$$

$\therefore$ $a = -\dfrac{1}{2}$

05-4. 정답 : $a = -\dfrac{1}{3}$

(풀이)

준 식 $\rightarrow$ $ax < 1$

주어진 해와 부등호 방향이 다르므로 a는 음수!

$$x > \dfrac{1}{a} \rightarrow \dfrac{1}{a} = -3$$

$\therefore$ $a = -\dfrac{1}{3}$

05-5. 정답 : $a = -1$

(풀이)

준 식 $\rightarrow$ $-ax > 1$

주어진 해와 부등호 방향이 같으므로 $-a$는 양수!

$$x > \dfrac{1}{-a} \rightarrow \dfrac{1}{-a} = 1$$

$\therefore$ $a = -1$

05-6. 정답 : $a = \dfrac{1}{2}$

(풀이)

준 식 $\rightarrow$ $-ax \leq 3$

주어진 해와 부등호 방향이 다르므로 $-a$는 음수!(즉, a는 양수)

$$x \geq \dfrac{3}{-a} \rightarrow \dfrac{3}{-a} = -6$$

$\therefore$ $a = \dfrac{1}{2}$

04 부등식 - 연립 부등식

방정식과 부등식

p.85~92

06-1. 정답 : $-2 < x < 1$

(풀이)

$x - 1 < 0 \rightarrow x < 1$

$x + 2 > 0 \rightarrow x > -2$

$\therefore$ $-2 < x < 1$

06-2. 정답 : $1 < x < 3$

(풀이)

$x - 1 > 0 \rightarrow x > 1$

$-x + 3 > 0 \rightarrow x < 3$

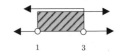

$\therefore$ $1 < x < 3$

06-3. 정답 : $-2 \leq x \leq 3$

(풀이)

$x + 2 \geq 0 \rightarrow x \geq -2$

$x-3 \leq 0 \rightarrow x \leq 3$

$$\therefore \ -2 \leq x \leq 3$$

06-4. 정답 : $-3 < x \leq \dfrac{1}{2}$

(풀이)

$2x-1 \leq 0 \rightarrow x \leq \dfrac{1}{2}$

$x+3 > 0 \rightarrow x > -3$

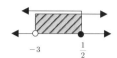

$$\therefore \ -3 < x \leq \dfrac{1}{2}$$

06-5. 정답 : $-\dfrac{1}{2} \leq x \leq \dfrac{1}{2}$

(풀이)

$2x-1 \leq 0 \rightarrow x \leq \dfrac{1}{2}$

$2x+1 \geq 0 \rightarrow x \geq -\dfrac{1}{2}$

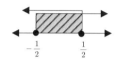

$$\therefore \ -\dfrac{1}{2} \leq x \leq \dfrac{1}{2}$$

06-6. 정답 : $1 \leq x \leq 4$

(풀이)

$x-1 \geq 0 \rightarrow x \geq 1$

$-x+4 \geq 0 \rightarrow x \leq 4$

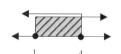

$$\therefore \ 1 \leq x \leq 4$$

07-1. 정답 : 해가 없다.

(풀이)

$x+1 > 0 \rightarrow x > -1$

$x+2 < 0 \rightarrow x < -2$

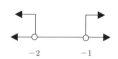

$$\therefore \ \text{해가 없다.}$$

07-2. 정답 : 해가 없다.

(풀이)

$x-2 < 0 \rightarrow x < 2$

$3-x < 0 \rightarrow x > 3$

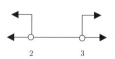

$$\therefore \ \text{해가 없다.}$$

07-3. 정답 : 해가 없다.

(풀이)

$x-2 > 0 \rightarrow x > 2$

$2-x > 0 \rightarrow x < 2$

$$\therefore \ \text{해가 없다.}$$

07-4. 정답 : 해가 없다.

(풀이)

$x+3 \leq 0 \rightarrow x \leq -3$

$2x+3 > 0 \rightarrow x > -\dfrac{3}{2}$

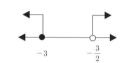

$$\therefore \ \text{해가 없다.}$$

07-5. 정답 : 해가 없다.

(풀이)

$2x+3 < 0 \rightarrow x < -\dfrac{3}{2}$

$-x+5 \leq 0 \rightarrow x \geq 5$

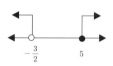

$$\therefore \ \text{해가 없다.}$$

07-6. 정답 : 해가 없다.

(풀이)

$2x-3 \geq 0 \rightarrow x \geq \dfrac{3}{2}$

$3x+2 \leq 0 \rightarrow x \leq -\dfrac{2}{3}$

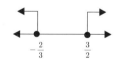

$$\therefore \ \text{해가 없다.}$$

08-1. 정답 : $x=-1$

(풀이)

$x+1 \geq 0 \rightarrow x \geq -1$

$x+1 \leq 0 \rightarrow x \leq -1$

$$\therefore \ x=-1$$

08-2. 정답 : $x=2$

(풀이)

$x-2 \leq 0 \rightarrow x \leq 2$

$x-2 \geq 0 \rightarrow x \geq 2$

$$\therefore \ x=2$$

08-3. 정답 : $x=2$

(풀이)

$2x-4 \leq 0 \rightarrow x \leq 2$

$x-2 \geq 0 \rightarrow x \geq 2$

$\therefore x=2$

08-4. 정답 : $x=3$

(풀이)

$x-3 \leq 0 \rightarrow x \leq 3$

$3-x \leq 0 \rightarrow x \geq 3$

$\therefore x=3$

08-5. 정답 : $x=-\dfrac{1}{2}$

(풀이)

$2x+1 \geq 0 \rightarrow x \geq -\dfrac{1}{2}$

$\dfrac{1}{2}+x \geq 0 \rightarrow x \leq -\dfrac{1}{2}$

$\therefore x=-\dfrac{1}{2}$

08-6. 정답 : $x=2$

(풀이)

$2x-4 \leq 0 \rightarrow x \leq 2$

$6-3x \leq 0 \rightarrow x \geq 2$

$\therefore x=2$

09-1. 정답 : $x<-2$

(풀이)

$x-1 \leq 0 \rightarrow x \leq 1$

$x+2 < 0 \rightarrow x < -2$

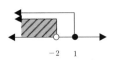

$\therefore x<-2$

09-2. 정답 : $x \geq 3$

(풀이)

$x+2 \geq 0 \rightarrow x \geq -2$

$3-x \leq 0 \rightarrow x \geq 3$

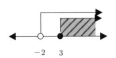

$\therefore x \geq 3$

09-3. 정답 : $x \geq 2$

(풀이)

$x-2 \geq 0 \rightarrow x \geq 2$

$1-x < 0 \rightarrow x > 1$

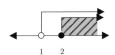

$\therefore x \geq 2$

09-4. 정답 : $x < -\dfrac{1}{2}$

(풀이)

$2x+1 \leq 0 \rightarrow x \leq -\dfrac{1}{2}$

$x \leq 0$

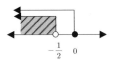

$\therefore x < -\dfrac{1}{2}$

09-5. 정답 : $x \geq 4$

(풀이)

$2x-3 > 0 \rightarrow x > \dfrac{3}{2}$

$-x+4 \leq 0 \rightarrow x \geq 4$

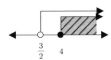

$\therefore x \geq 4$

09-6. 정답 : $x > \dfrac{3}{2}$

(풀이)

$2x-3 > 0 \rightarrow x > \dfrac{3}{2}$

$3-2x \leq 0 \rightarrow x \geq \dfrac{3}{2}$

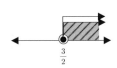

$\therefore x > \dfrac{3}{2}$

10-1. 정답 : $a=2,\ b=2$

(풀이)

$2x-a \geq 0 \rightarrow 2x \geq a \rightarrow x \geq \dfrac{a}{2}$

$x+1 \leq 2b \rightarrow x \leq 2b-1$

$\therefore \dfrac{a}{2} \leq x \leq 2b-1$

그런데 해가 $1 \leq x \leq 3$이므로 $\dfrac{a}{2}=1,\ 2b-1=3$

$\therefore a=2,\ b=2$

10-2. 정답 : $a=4,\ b=-2$

(풀이)

$x+1 \leq a \ \rightarrow \ x \leq a-1$

$2x+2 < 3x-b \ \rightarrow \ -x < -b-2 \ \rightarrow \ x > b+2$

$\therefore \ b+2 < x \leq a-1$

그런데 해가 $0 < x \leq 3$이므로 $b+2=0, \ a-1=3$

$\quad \therefore \ a=4, \ b=-2$

10-3. 정답 : $a=-1, \ b=0$

(풀이)

$x+a \leq 1 \ \rightarrow \ x \leq 1-a$

$x-1 < 2x+b \ \rightarrow \ -x < b+1 \ \rightarrow \ x > -b-1$

$\therefore \ -b-1 < x \leq 1-a$

그런데 해가 $-1 < x \leq 2$이므로 $-b-1=-1, \ 1-a=2$

$\quad \therefore \ a=-1, \ b=0$

10-4. 정답 : $a=-5, \ b=4$

(풀이)

$3x+a \leq 1 \ \rightarrow \ 3x \leq 1-a \ \rightarrow \ x \leq \dfrac{1-a}{3}$

$x-2 < 3x-b \ \rightarrow \ -2x < -b+2 \ \rightarrow \ x > \dfrac{b-2}{2}$

$\therefore \ \dfrac{b-2}{2} < x \leq \dfrac{1-a}{3}$

그런데 해가 $1 < x \leq 2$이므로 $\dfrac{b-2}{2}=1, \ \dfrac{1-a}{3}=2$

10-5. 정답 : $a=5, \ b=-1$

(풀이)

$2x-a < 1 \ \rightarrow \ 2x < 1+a \ \rightarrow \ x < \dfrac{1+a}{2}$

$4x-1 > 3x+b \ \rightarrow \ x > b+1$

$\therefore \ b+1 < x < \dfrac{1+a}{2}$

그런데 해가 $0 < x < 3$이므로 $b+1=0, \ \dfrac{1+a}{2}=3$

$\quad \therefore \ a=5, \ b=-1$

11-1. 정답 : $a \geq 0$

(풀이)

$\rightarrow x < 0$의 범위를 수직선에 표시하기

$\rightarrow$ 해가 존재하지 않기 위한 a의 범위를 수직선에 표시하기

$\quad \therefore \ a \geq 0$

11-2. 정답 : $a \geq 1$

(풀이)

$\rightarrow x < 1$의 범위를 수직선에 표시하기

$\rightarrow$ 해가 존재하지 않기 위한 a의 범위를 수직선에 표시하기

$\quad \therefore \ a \geq 1$

11-3. 정답 : $a \leq 0$

(풀이)

$\rightarrow x \leq 1$의 범위를 수직선에 표시하기

$\rightarrow$ 해가 존재하지 않기 위한 a의 범위를 수직선에 표시하기

$\quad 1-a \geq 1$

$\quad \therefore \ a \leq 0$

11-4. 정답 : $a \geq 2$

(풀이)

$\rightarrow x > 1$의 범위를 수직선에 표시하기

$\rightarrow$ 해가 존재하지 않기 위한 a의 범위를 수직선에 표시하기

$\quad 3-a \leq 1$

$\quad \therefore \ a \geq 2$

11-5. 정답 : $a < -3$

(풀이)

$\rightarrow x \leq 2$의 범위를 수직선에 표시하기

$\rightarrow$ 해가 존재하지 않기 위한 a의 범위를 수직선에 표시하기

$\quad x \geq \dfrac{1-a}{2} \ : \ \dfrac{1-a}{2} > 2$

$\quad \therefore \ a < -3$

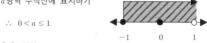

12-1. 정답 : $0 < a \leq 1$

(풀이)

$\rightarrow x < 4$의 범위를 수직선에 표시하기

정수 x값의 개수가 3개를 모두 포함하기 위한

a영역 수직선에 표시하기

$\quad \therefore \ 0 < a \leq 1$

12-2. 정답 : $0 < a \leq 1$

(풀이)

$1-x \leq 2 \ \rightarrow \ x \geq -1$의 범위를 수직선에 표시하기

정수 x값의 개수가 2개를 모두 포함하기 위한

a영역 수직선에 표시하기

$\quad \therefore \ 0 < a \leq 1$

12-3. 정답 : $2 \leq a < 3$

(풀이)

$2x+1 < x+3 \ \rightarrow \ x < 2$의 범위를 수직선에 표시하기

정수 x값의 개수가 3개를 모두 포함하기 위한

a영역 수직선에 표시하기

$1-x \leq a \ \rightarrow \ x \geq 1-a$

$-2 < 1 - a \leq -1$

$\therefore \ 2 \leq a < 3$

12-4. 정답 : $-7 \leq a < -5$

(풀이)

$2x + 1 < x + 3 \ \rightarrow \ x < 2$의 범위를 수직선에 표시하기

정수 x값의 개수가 4개를 모두 포함하기 위한

a영역 수직선에 표시하기

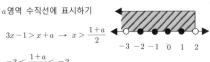

$3x - 1 > x + a \ \rightarrow \ x > \dfrac{1+a}{2}$

$-3 \leq \dfrac{1+a}{2} < -2$

$\therefore \ -7 \leq a < -5$

12-5. 정답 : $8 \leq a < 10$

(풀이)

$3x - 1 > x + 5 \ \rightarrow \ x > 3$의 범위를 수직선에 표시하기

정수 x값의 개수가 2개를 모두 포함하기 위한

a영역 수직선에 표시하기

$4x - 2 \leq 2x + a \ \rightarrow \ x \leq \dfrac{a+2}{2}$

$5 \leq \dfrac{a+2}{2} < 6$

$\therefore \ 8 \leq a < 10$

p.100~105

01-1. 정답 : 점의 좌표 : $(-1, 2)$ / 사분면 : 제2사분면

01-2. 정답 : 점의 좌표 : $(1, -1)$ / 사분면 : 제4사분면

01-3. 정답 : 점의 좌표 : $(-3, -1)$ / 사분면 : 제3사분면

01-4. 정답 : 점의 좌표 : $(1, 0)$ / 사분면 : X

01-5. 정답 : 점의 좌표 : $(0, 3)$ / 사분면 : X

01-6. 정답 : 점의 좌표 : $(-1, -3)$ / 사분면 : 제3사분면

02-1. 정답 :

02-2. 정답 :

02-3. 정답 :

02-4. 정답 :

02-5. 정답 :

02-6. 정답 :

03-1. 정답 : $y=x-1$

(풀이)

x절편 : 1, y절편 : -1

y절편 : -1 → $-1=b$

x절편 : 1 → $(1,0)$ 대입 → $0=a\times1-1$ → $a=1$

  ∴ $y=x-1$

03-2. 정답 : $y=2x-2$

y절편 : -2, 기울기 : 2

y절편 : -2 → $-2=b$

기울기 : 2 → $2=a$

  ∴ $y=2x-2$

03-3. 정답 : $y=-x+1$

x절편 : 1, 기울기 : -1

기울기 : -1 → $-1=a$

x절편 : 1 → $(1,0)$ 대입 → $0=(-1)\times1+b$ → $b=1$

  ∴ $y=-x+1$

03-4. 정답 : $y=-x-2$

x절편 : -2, y절편 : -2

y절편 : -2 → $-2=b$

x절편 : -2 → $(-2,0)$ 대입 → $0=a\times(-2)-2$ → $a=-1$

  ∴ $y=-x-2$

03-5. 정답 : $y=\dfrac{1}{2}x-2$

y절편 : -2, 기울기 : $\dfrac{1}{2}$

y절편 : -2 → $-2=b$

기울기 : $\dfrac{1}{2}$ → $\dfrac{1}{2}=a$

  ∴ $y=\dfrac{1}{2}x-2$

03-6. 정답 : $y=-2x+2$

x절편 : 1, 기울기 : -2

기울기 : -2 → $-2=a$

x절편 : 1 → $(1,0)$ 대입 → $0=(-2)\times1+b$ → $b=2$

  ∴ $y=-2x+2$

04-1. 정답 : $y=x-1$

(풀이)

y절편 : -1 → $-1=b$

x절편 : 1 → $(1,0)$ 대입 → $0=a\times1-1$ → $a=1$

  ∴ $y=x-1$

04-2. 정답 : $y=x+2$

(풀이)

y절편 : 2 → $2=b$

기울기 : 1 → $1=a$

  ∴ $y=x+2$

04-3. 정답 : $y=x+2$

(풀이)

기울기 : 1 → $1=a$

x절편 : -2 → $(-2,0)$ 대입 → $0=1\times(-2)+b$ → $b=2$

  ∴ $y=x+2$

04-4. 정답 : $y=x-2$

(풀이)

y절편 : -2 → $-2=b$

x절편 : 2 → $(2,0)$ 대입 → $0=a\times2-2$ → $a=1$

  ∴ $y=x-2$

04-5. 정답 : $y=-x+2$

(풀이)

y절편 : 2 → $2=b$

기울기 : -1 → $-1=a$

  ∴ $y=-x+2$

04-6. 정답 : $y=2x-1$

(풀이)

기울기 : 2 → $2=a$

한 점 $(1,1)$ 대입 → $1=2\times1+b$ → $b=-1$

  ∴ $y=2x-1$

05-1. 정답 : $y=-x$

(풀이)

$y=-x-1$을 y축으로 1만큼 평행이동

→ $y=-x-1+1$

  ∴ $y=-x$

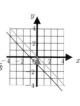

05-2. 정답 : $y=x+2$

(풀이)

$y=x-1$을 y축으로 3만큼 평행이동

→ $y=x-1+3$

  ∴ $y=x+2$

05-3. 정답 : $y=-2x$

(풀이)

$y=-2x+2$을 y축으로 -2만큼 평행이동

$\rightarrow\ y=-2x+2-2$

$\therefore\ y=-2x$

05-4. 정답 : $y=2x$

(풀이)

$y=2x+1$을 y축으로 -1만큼 평행이동

$\rightarrow\ y=2x+1-1$

$\therefore\ y=2x$

05-5. 정답 : $y=\dfrac{1}{2}x-1$

(풀이)

$y=\dfrac{1}{2}x+1$을 y축으로 -2만큼 평행이동

$\rightarrow\ y=\dfrac{1}{2}x+1-2$

$\therefore\ y=\dfrac{1}{2}x-1$

05-6. 정답 : $y=-\dfrac{1}{3}x+2$

(풀이)

$y=-\dfrac{1}{3}x-2$을 y축으로 4만큼 평행이동

$\rightarrow\ y=-\dfrac{1}{3}x-2+4$

$\therefore\ y=-\dfrac{1}{3}x+2$

06-1. 정답 : $a=3,\ b\neq-1$

(풀이)

평행한 조건은 기울기만 같으므로

$\therefore\ a=3,\ b\neq-1$

06-2. 정답 : $a=2,\ b=-1$

(풀이)

일치할 조건은 기울기 y절편 모두 같으므로

$\therefore\ a=2,\ b=-1$

06-3. 정답 : $a\neq1$

(풀이)

오직 한 점에서 만날 조건은 기울기만 달라도 되므로

$\therefore\ a\neq1$

06-4. 정답 : $a=1,\ b\neq3$

(풀이)

평행한 조건은 기울기만 같으므로

$\therefore\ a=1,\ b\neq3$

06-5. 정답 : $a=-1,\ b=2$

(풀이)

일치할 조건은 기울기 y절편 모두 같으므로

$$a-1=2,\ 4=2b$$

$\therefore\ a=-1,\ b=2$

06-6. 정답 : $a\neq-\dfrac{1}{2}$

(풀이)

오직 한 점에서 만날 조건은 기울기만 달라도 되므로

$$-1\neq2a$$

$\therefore\ a\neq-\dfrac{1}{2}$

05 함수 - 이차 함수
함수와 규칙

p.106~121

07-1. 정답 : $(-2,-4)$

(풀이)

$y=x^2+4x=(x+2)^2-4$

$\therefore$ 꼭짓점 좌표 : $(-2,-4)$

07-2. 정답 : $(2,-8)$

(풀이)

$y=x^2-4x-4=(x-2)^2-8$

$\therefore$ 꼭짓점 좌표 : $(2,-8)$

07-3. 정답 : $\left(\dfrac{1}{2},\dfrac{3}{4}\right)$

(풀이)

$y=x^2-x+1=\left(x-\dfrac{1}{2}\right)+\dfrac{3}{4}$

$\therefore$ 꼭짓점 좌표 : $\left(\dfrac{1}{2},\dfrac{3}{4}\right)$

07-4. 정답 : $\left(\dfrac{5}{2},-\dfrac{29}{4}\right)$

(풀이)

$y=x^2-5x-1=\left(x-\dfrac{5}{2}\right)^2-\dfrac{29}{4}$

$\therefore$ 꼭짓점 좌표 : $\left(\dfrac{5}{2},-\dfrac{29}{4}\right)$

07-5. 정답 : $(-1,1)$

(풀이)

$y=3x^2+6x+4=3(x+1)^2+1$

∴ 꼭짓점 좌표 : $(-1,1)$

07-6. 정답 : $(3,4)$

(풀이)

$y=-\dfrac{1}{3}x^2+2x+1=-\dfrac{1}{3}(x-3)^2+4$

∴ 꼭짓점 좌표 : $(3,4)$

08-1. 정답 : $(1,0)$, $(2,0)$

(풀이)

이차 함수 $y=x^2-3x+2$와 x축과 교점 : $y=0$ 대입하기

$x^2-3x+2=0 \ \rightarrow \ (x-1)(x-2)=0 \ \therefore \ x=1, \ x=2$

x축과 교점 : $(1,0)$, $(2,0)$

08-2. 정답 : $(1,0)$, $(3,0)$

(풀이)

이차 함수 $y=x^2-4x+3$와 x축과 교점 : $y=0$ 대입하기

$x^2-4x+3=0 \ \rightarrow \ (x-1)(x-3)=0 \ \therefore \ x=1, \ x=3$

x축과 교점 : $(1,0)$, $(3,0)$

08-3. 정답 : $(1,0)$

(풀이)

이차 함수 $y=x^2-2x+1$와 x축과 교점 : $y=0$ 대입하기

$x^2-2x+1=0 \ \rightarrow \ (x-1)^2=0 \ \therefore \ x=1$

x축과 교점 : $(1,0)$

08-4. 정답 : $\left(-\dfrac{1}{2},0\right)$, $(3,0)$

(풀이)

이차 함수 $y=2x^2-5x-3$와 x축과 교점 : $y=0$ 대입하기

$2x^2-5x-3=0 \ \rightarrow \ (2x+1)(x-3)=0 \ \therefore \ x=-\dfrac{1}{2}, \ x=3$

x축과 교점 : $\left(-\dfrac{1}{2},0\right)$, $(3,0)$

08-5. 정답 : $\left(-\dfrac{2}{3},0\right)$, $(1,0)$

(풀이)

이차 함수 $y=3x^2-x-2$와 x축과 교점 : $y=0$ 대입하기

$3x^2-x-2=0 \ \rightarrow \ (3x+2)(x-1)=0 \ \therefore \ x=-\dfrac{2}{3}, \ x=1$

x축과 교점 : $\left(-\dfrac{3}{2},0\right)$, $(1,0)$

08-6. 정답 : $\left(-\dfrac{2}{3},0\right)$, $(3,0)$

(풀이)

이차 함수 $y=3x^2-7x-6$와 x축과 교점 : $y=0$ 대입하기

$3x^2-7x-6=0 \ \rightarrow \ (3x+2)(x-3)=0 \ \therefore \ x=-\dfrac{2}{3}, \ x=3$

x축과 교점 : $\left(-\dfrac{2}{3},0\right)$, $(3,0)$

09-1. 정답 :

09-2. 정답 :

09-3. 정답 :

09-4. 정답 :

09-5. 정답 :

09-6. 정답 :

10-1. 정답 :

10-2. 정답 :

10-3. 정답 :

10-4. 정답 :

10-5. 정답 :

10-6. 정답 :

11-1. 정답 : $y=(x-1)^2$

확인) 꼭짓점 좌표 : $(1,0)$ / y절편 : 1

식 표현)

꼭짓점 좌표 : $(1,0)$ → $y=a(x-1)^2$

y절편 : 1 → $(0,1)$ 대입

$1=a(0-1)^2$ → $a=1$

∴ $y=(x-1)^2$

11-2. 정답 : $y=x^2+1$

확인) 꼭짓점 좌표 : $(0,1)$ / 임의의 한 점 : $(1,2)$

식 표현)

꼭짓점 좌표 : $(0,1)$ → $y=ax^2+1$

임의의 한 점 : $(1,2)$ 대입

$2=a\times1^2+1$ → $a=1$

∴ $y=x^2+1$

11-3. 정답 : $y=(x-1)^2+1$

확인) 꼭짓점 좌표 : $(1,1)$ / y절편 : 2

식 표현)

꼭짓점 좌표 : $(1,1)$ → $y=a(x-1)^2+1$

y절편 : 2 → $(0,2)$ 대입

$2=a(0-1)^2+1$ → $a=1$

∴ $y=(x-1)^2+1$

11-4. 정답 : $y=-(x+1)^2$

확인) 꼭짓점 좌표 : $(-1,0)$ / y절편 : -1

식 표현)

꼭짓점 좌표 : $(-1,0)$ → $y=a(x+1)^2$

y절편 : -1 → $(0,-1)$ 대입

$-1=a(0+1)^2$ → $a=-1$

∴ $y=-(x+1)^2$

11-5. 정답 : $y=\frac{1}{2}(x-1)^2+1$

확인) 꼭짓점 좌표 : $(1,1)$ / 임의의 한 점 : $(3,3)$

식 표현)

꼭짓점 좌표 : $(1,1)$ → $y=a(x-1)^2+1$

임의의 한 점 : $(3,3)$ 대입

$3=a(3-1)^2+1$ → $a=\frac{1}{2}$

∴ $y=\frac{1}{2}(x-1)^2+1$

11-6. 정답 : $y=-\frac{1}{4}(x+2)^2-1$

확인) 꼭짓점 좌표 : $(-2,-1)$ / y절편 : -2

식 표현)

꼭짓점 좌표 : $(-2,-1)$ → $y=a(x+2)^2-1$

y절편 : -2 → $(0,-2)$ 대입

$-2=a(0+2)^2-1$ → $a=-\frac{1}{4}$

∴ $y=-\frac{1}{4}(x+2)^2-1$

12-1. 정답 : $y=(x-1)^2$

확인) x축과 교점 : $(1,0)$ / 임의의 한 점(y절편) : $(0,1)$

식 표현)

x축과 교점 : $(1,0)$(한 개) → $y=a(x-1)^2$

임의의 한 점(y절편) : $(0,1)$ 대입

$1=a\times(0-1)^2$ → $a=1$

∴ $y=(x-1)^2$

12-2. 정답 : $y=x(x-2)$

확인) x축과 교점 : $(0,0)$, $(-2,0)$ / 임의의 한 점 : $(-1,-1)$

식 표현)

x축과 교점 : $(0,0)$, $(-2,0)$ → $y=a(x-0)(x+2)$

임의의 한 점 : $(-1,-1)$ 대입

$-1=a(-1-0)(-1+2) \rightarrow a=1$

$\therefore y=x(x+2)$

12-3. 정답 : $y=-(x+2)(x-2)$

확인) x축과 교점 : $(-2,0)$, $(2,0)$ / 임의의 한 점(y절편) : $(0,4)$

식 표현)

x축과 교점 : $(-2,0)$, $(2,0)$ $\rightarrow$ $y=a(x+2)(x-2)$

임의의 한 점(y절편) : $(0,4)$ 대입

$4=a(0+2)(0-2) \rightarrow a=-1$

$\therefore y=-(x+2)(x-2)$

12-4. 정답 : $y=-(x-1)^2$

확인) x축과 교점 : $(1,0)$ / 임의의 한 점(y절편) : $(0,-1)$

식 표현)

x축과 교점 : $(1,0)$(한 개) $\rightarrow$ $y=a(x-1)^2$

임의의 한 점(y절편) : $(0,-1)$ 대입

$-1=a(0-1)^2 \rightarrow a=-1$

$\therefore y=-(x-1)^2$

12-5. 정답 : $y=2(x-1)(x-3)$

확인) x축과 교점 : $(1,0)$, $(3,0)$ / 임의의 한 점 : $(2,-2)$

식 표현)

x축과 교점 : $(1,0)$, $(3,0)$ $\rightarrow$ $y=a(x-1)(x-3)$

임의의 한 점 : $(2,-2)$ 대입

$-2=a(2-1)(2-3) \rightarrow a=2$

$\therefore y=2(x-1)(x-3)$

12-6. 정답 : $y=\dfrac{1}{2}(x+1)(x-2)$

확인) x축과 교점 : $(-1,0)$, $(2,0)$ / 임의의 한 점(y절편) : $(0,-1)$

식 표현)

x축과 교점 : $(-1,0)$, $(2,0)$ $\rightarrow$ $y=a(x+1)(x-2)$

임의의 한 점(y절편) : $(0,-1)$ 대입

$-1=a(0+1)(0-2) \rightarrow a=\dfrac{1}{2}$

$\therefore y=\dfrac{1}{2}(x+1)(x-2)$

13-1. 정답 : $y=(x-1)^2$

(풀이)

꼭짓점 좌표 : $(1,0)$ $\rightarrow$ $y=a(x-1)^2$

임의의 한 점 : $(0,1)$ 대입 $\rightarrow$ $1=a(0-1)^2 \rightarrow a=1$

$\therefore y=(x-1)^2$

13-2. 정답 : $y=(x+1)^2$

(풀이)

축의 방정식 : $x=-1$ $\rightarrow$ $y=a(x+1)^2+\beta$

두 점 : $(0,1)$ 대입 $\rightarrow$ $1=a(0+1)^2+\beta \rightarrow a+\beta=1 \cdots$ ①

　　　　$(-3,4)$ 대입 $\rightarrow$ $4=a(-3+1)^2+\beta \rightarrow 4a+\beta=4 \cdots$ ②

①번 식과 ②번 식을 연립하면 $a=1$, $\beta=0$이 됩니다.

$\therefore y=(x+1)^2$

13-3. 정답 : $y=(x+1)^2+2$

(풀이)

꼭짓점 좌표 : $(-1,2)$ $\rightarrow$ $y=a(x+1)^2+2$

임의의 한 점 : $(1,6)$ 대입 $\rightarrow$ $6=a(1+1)^2+2 \rightarrow a=1$

$\therefore y=(x+1)^2+2$

13-4. 정답 : $y=(x-2)^2+3$

(풀이)

축의 방정식 : $x=2$ $\rightarrow$ $y=a(x-2)^2+\beta$

두 점 : $(3,4)$ 대입 $\rightarrow$ $4=a(3-2)^2+\beta \rightarrow a+\beta=4 \cdots$ ①

　　　　$(0,7)$ 대입 $\rightarrow$ $7=a(0-2)^2+\beta \rightarrow 4a+\beta=7 \cdots$ ②

①번 식과 ②번 식을 연립하면 $a=1$, $\beta=3$이 됩니다.

$\therefore y=(x-2)^2+3$

13-5. 정답 : $y=-(x-2)^2+1$

(풀이)

꼭짓점 좌표 : $(2,1)$ $\rightarrow$ $y=a(x-2)^2+1$

임의의 한 점 : $(3,0)$ 대입 $\rightarrow$ $0=a(3-2)^2+1 \rightarrow a=-1$

$\therefore y=-(x-2)^2+1$

13-6. 정답 : $y=-\dfrac{1}{2}(x+2)^2-1$

(풀이)

축의 방정식 : $x=-2$ $\rightarrow$ $y=a(x+2)^2+\beta$

두 점 : $(0,-3)$ 대입 $\rightarrow$ $-3=a(0+2)^2+\beta \rightarrow 4a+\beta=-3 \cdots$ ①

　　　　$(2,-9)$ 대입 $\rightarrow$ $-9=a(2+2)^2+\beta \rightarrow 16a+\beta=-9 \cdots$ ②

①번 식과 ②번 식을 연립하면 $a=-\dfrac{1}{2}$, $\beta=-1$이 됩니다.

$\therefore y=-\dfrac{1}{2}(x+2)^2-1$

14-1. 정답 : $y=(x-1)(x-2)$

(풀이)

x축과 교점 좌표 : $(1,0)$, $(2,0)$ $\rightarrow$ $y=a(x-1)(x-2)$

임의의 한 점(y절편) : $(0,2)$ 대입 $\rightarrow$ $2=a(0-1)(0-2) \rightarrow a=1$

$\therefore y=(x-1)(x-2)$

14-2. 정답 : $y=(x+1)(x+3)$

(풀이)

x축과 교점 좌표 : $(-1,0)$, $(-3,0)$ $\rightarrow$ $y=a(x+1)(x+3)$

임의의 한 점(y절편) : $(0,3)$ 대입 $\rightarrow$ $3=a(0+1)(0+3)$ $\rightarrow$ $a=1$

$\therefore$ $y=(x+1)(x+3)$

14-3. 정답 : $y=-(x+1)(x-1)$

(풀이)

x축과 교점 좌표 : $(-1,0)$, $(1,0)$ $\rightarrow$ $y=a(x+1)(x-1)$

임의의 한 점(y절편) : $(0,1)$ 대입 $\rightarrow$ $1=a(0+1)(0-1)$ $\rightarrow$ $a=-1$

$\therefore$ $y=-(x+1)(x-1)$

14-4. 정답 : $y=2(x-2)(x-3)$

(풀이)

x축과 교점 좌표 : $(2,0)$, $(3,0)$ $\rightarrow$ $y=a(x-2)(x-3)$

임의의 한 점 : $(1,4)$ 대입 $\rightarrow$ $4=a(1-2)(1-3)$ $\rightarrow$ $a=2$

$\therefore$ $y=2(x-2)(x-3)$

14-5. 정답 : $y=\frac{1}{2}x(x-3)$

(풀이)

x축과 교점 좌표 : $(0,0)$, $(3,0)$ $\rightarrow$ $y=a(x-0)(x-3)$

임의의 한 점 : $(1,-1)$ 대입 $\rightarrow$ $-1=a(1-0)(1-3)$ $\rightarrow$ $a=\frac{1}{2}$

$\therefore$ $y=\frac{1}{2}x(x-3)$

14-6. 정답 : $y=-2(x+3)(x+4)$

(풀이)

x축과 교점 좌표 : $(-3,0)$, $(-4,0)$ $\rightarrow$ $y=a(x+3)(x+4)$

임의의 한 점 : $(-2,-4)$ 대입

$\rightarrow$ $-4=a(-2+3)(-2+4)$ $\rightarrow$ $a=-2$

$\therefore$ $y=-2(x+3)(x+4)$

15-1. 정답 : $y=x^2-1$

(풀이)

$y=x^2$을 y축으로 -1만큼 평행이동

$\rightarrow$ $y+1=x^2$

$\therefore$ $y=x^2-1$

15-2. 정답 : $y=x^2+2$

(풀이)

$y=x^2+1$을 y축으로 1만큼 평행이동

$\rightarrow$ $y-1=x^2+1$

$\therefore$ $y=x^2+2$

15-3. 정답 : $y=-x^2+2$

(풀이)

$y=-x^2$을 y축으로 2만큼 평행이동

$\rightarrow$ $y-2=-x^2$

$\therefore$ $y=-x^2+2$

15-4. 정답 : $y=2x^2-2$

(풀이)

$y=2x^2$을 y축으로 -2만큼 평행이동

$\rightarrow$ $y+2=2x^2$

$\therefore$ $y=2x^2-2$

15-5. 정답 : $y=-\frac{1}{2}x^2+2$

(풀이)

$y=-\frac{1}{2}x^2$을 y축으로 2만큼 평행이동

$\rightarrow$ $y-2=-\frac{1}{2}x^2$

$\therefore$ $y=-\frac{1}{2}x^2+2$

15-6. 정답 : $y=3x^2-3$

(풀이)

$y=3x^2+1$을 y축으로 -4만큼 평행이동

$\rightarrow$ $y+4=3x^2+1$

$\therefore$ $y=3x^2-3$

16-1. 정답 : $y=(x+1)^2$

(풀이)

$y=x^2$을 x축으로 -1만큼 평행이동

$\therefore$ $y=(x+1)^2$

16-2. 정답 : $y=(x-2)^2$

(풀이)

$y=x^2$을 x축으로 2만큼 평행이동

$\therefore$ $y=(x-2)^2$

16-3. 정답 : $y=-(x+2)^2$

(풀이)

$y=-x^2$을 x축으로 -2만큼 평행이동

$\therefore$ $y=-(x+2)^2$

16-4. 정답 : $y=x^2$

(풀이)

$y=(x+1)^2$을 x축으로 1만큼 평행이동

$$\therefore\ y=x^2$$

16-5. 정답 : $y=2(x+2)^2$

(풀이)

$y=2(x-1)^2$을 x축으로 -3만큼 평행이동

$$\therefore\ y=2(x+2)^2$$

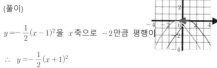

16-6. 정답 : $y=-\dfrac{1}{2}(x+1)^2$

(풀이)

$y=-\dfrac{1}{2}(x-1)^2$을 x축으로 -2만큼 평행이동

$$\therefore\ y=-\dfrac{1}{2}(x+1)^2$$

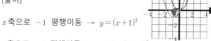

17-1. 정답 : $y=(x+1)^2-1$

(풀이)

x축으로 -1 평행이동 $\rightarrow\ y=(x+1)^2$

y축으로 -1 평행이동 $\rightarrow\ y+1=(x+1)^2$

$$\therefore\ y=(x+1)^2-1$$

17-2. 정답 : $y=-(x-1)^2-2$

(풀이)

x축으로 1 평행이동 $\rightarrow\ y=-(x-1)^2$

y축으로 -2 평행이동 $\rightarrow\ y+2=-(x-1)^2$

$$\therefore\ y=-(x-1)^2-2$$

17-3. 정답 : $y=(x-1)^2+3$

(풀이)

x축으로 1 평행이동 $\rightarrow\ y=(x-1)^2+1$

y축으로 2 평행이동 $\rightarrow\ y-2=(x-1)^2+1$

$$\therefore\ y=(x-1)^2+3$$

17-4. 정답 : $y=(x+1)^2-1$

(풀이)

x축으로 -2 평행이동 $\rightarrow\ y=(x+1)^2$

y축으로 -1 평행이동 $\rightarrow\ y+1=(x+1)^2$

$$\therefore\ y=(x+1)^2-1$$

17-5. 정답 : $y=(x-2)^2+2$

(풀이)

x축으로 1 평행이동 $\rightarrow\ y=(x-2)^2+1$

y축으로 1 평행이동 $\rightarrow\ y-1=(x-2)^2+1$

$$\therefore\ y=(x-2)^2+2$$

17-6. 정답 : $y=2(x-1)^2-2$

(풀이)

x축으로 3 평행이동 $\rightarrow\ y=2(x-1)^2-1$

y축으로 -1 평행이동 $\rightarrow\ y+1=2(x-1)^2-1$

$$\therefore\ y=2(x-1)^2-2$$

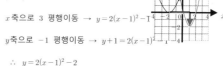

18-1. 정답 : $y=x^2$

(풀이)

$y\rightarrow-y$ 대입 $\rightarrow\ -y=-x^2$

$$\therefore\ y=x^2$$

18-2. 정답 : $y=-x^2-1$

(풀이)

$y\rightarrow-y$ 대입 $\rightarrow\ -y=x^2+1$

$$\therefore\ y=-x^2-1$$

18-3. 정답 : $y=-(x-1)^2$

(풀이)

$y\rightarrow-y$ 대입 $\rightarrow\ -y=(x-1)^2$

$$\therefore\ y=-(x-1)^2$$

18-4. 정답 : $y=\dfrac{1}{2}(x+1)^2$

(풀이)

$y\rightarrow-y$ 대입 $\rightarrow\ -y=-\dfrac{1}{2}(x+1)^2$

$$\therefore\ y=\dfrac{1}{2}(x+1)^2$$

18-5. 정답 : $y=-(x+1)^2-1$

(풀이)

$y\rightarrow-y$ 대입 $\rightarrow\ -y=(x+1)^2+1$

$$\therefore\ y=-(x+1)^2-1$$

18-6. 정답 : $y=-2(x+2)^2+1$

(풀이)

$y\rightarrow-y$ 대입 $\rightarrow\ -y=2(x+2)^2-1$

$$\therefore\ y=-2(x+2)^2+1$$

19-1. 정답 : $y=x^2$

(풀이)

$x\rightarrow-x$ 대입 $\rightarrow\ y=(-x)^2$

$$\therefore\ y=x^2$$

19-2. 정답 : $y=-x^2-1$

(풀이)

$x \rightarrow -x$ 대입 $\rightarrow y=-(-x)^2-1$

$\therefore\ y=-x^2-1$

19-3. 정답 : $y=(x-1)^2$

(풀이)

$x \rightarrow -x$ 대입 $\rightarrow y=(-x+1)^2$

$\therefore\ y=(x-1)^2$

19-4. 정답 : $y=-(x+1)^2-1$

(풀이)

$x \rightarrow -x$ 대입 $\rightarrow y=-(-x-1)^2-1$

$\therefore\ y=-(x+1)^2-1$

19-5. 정답 : $y=2(x+2)^2-1$

(풀이)

$x \rightarrow -x$ 대입 $\rightarrow y=2(-x-2)^2-1$

$\therefore\ y=2(x+2)^2-1$

19-6. 정답 : $y=-\dfrac{1}{2}(x-3)^2+1$

(풀이)

$x \rightarrow -x$ 대입 $\rightarrow y=-\dfrac{1}{2}(-x+3)^2+1$

$\therefore\ y=-\dfrac{1}{2}(x-3)^2+1$

20-1. 정답 : -3

(풀이)

$x=0$ 대입 $\rightarrow f(0)=0-3$

$\therefore\ f(0)=-3$

20-2. 정답 : 11

(풀이)

$x=2$ 대입 $\rightarrow f(2)=2\times 2^2+3$

$\therefore\ f(2)=11$

20-3. 정답 : 4

(풀이)

$x=3$ 대입 $\rightarrow f(3)=2(3-1)$

$\therefore\ f(3)=4$

20-4. 정답 : 3

(풀이)

$x=-1$ 대입 $\rightarrow f(1)=-(-1)^2-(-1)+3$

$\therefore\ f(-1)=3$

20-5. 정답 : 6

(풀이)

$x=\dfrac{1}{2}$ 대입 $\rightarrow f\left(\dfrac{1}{2}\right)=8\times\left(\dfrac{1}{2}\right)^2-2\times\dfrac{1}{2}+5$

$\therefore\ f\left(\dfrac{1}{2}\right)=6$

21-1. 정답 : $x=\dfrac{3}{2}$, 최솟값 $\dfrac{3}{4}$

(풀이)

$y=x^2-3x+3 \rightarrow$ (과정 생략) $\rightarrow y=\left(x-\dfrac{3}{2}\right)^2+\dfrac{3}{4}$

$\therefore\ x=\dfrac{3}{2}$ 일 때, 최솟값은 $\dfrac{3}{4}$ 입니다.

21-2. 정답 : $x=2$, 최댓값 2

(풀이)

$y=-x^2+4x-2 \rightarrow$ (과정 생략) $\rightarrow y=-(x-2)^2+2$

$\therefore\ x=2$ 일 때, 최댓값은 2입니다.

21-3. 정답 : $x=1$, 최솟값 1

(풀이)

$y=2x^2-4x+3 \rightarrow$ (과정 생략) $\rightarrow y=2(x-1)^2+1$

$\therefore\ x=1$ 일 때, 최솟값은 1입니다.

21-4. 정답 : $x=2$, 최댓값 11

(풀이)

$y=-3x^2+12x-1 \rightarrow$ (과정 생략) $\rightarrow y=-3(x-2)^2+11$

$\therefore\ x=2$ 일 때, 최댓값은 11입니다.

21-5. 정답 : $x=2$, 최솟값 3

(풀이)

$y=\dfrac{1}{2}x^2-2x+5 \rightarrow$ (과정 생략) $\rightarrow y=\dfrac{1}{2}(x-2)^2+3$

$\therefore\ x=2$ 일 때, 최솟값은 3입니다.

21-6. 정답 : $x=-3$, 최댓값 13

(풀이)

$y=-\dfrac{1}{3}x^2-2x+10 \rightarrow$ (과정 생략) $\rightarrow y=-\dfrac{1}{3}(x+3)^2+13$

$\therefore\ x=-3$ 일 때, 최댓값은 13입니다.

22-1. 정답 : 0개

(풀이)

두 함수를 연립 : $y=x^2=x-2 \rightarrow x^2-x+2=0$

판별식 : $D=(-1)^2-4\times1\times2=1-8=-7<0$

$\therefore$ 교점의 개수는 0개

22-2. 정답 : 1개

(풀이)

두 함수를 연립 : $y=-x^2+2x=-2x+4 \ \rightarrow \ x^2-4x+4=0$

판별식 : $D=(-4)^2-4\times1\times4=16-16=0$

$\therefore$ 교점의 개수는 1개

22-3. 정답 : 2개

(풀이)

두 함수를 연립 : $y=x^2+3x+1=-x+2 \ \rightarrow \ x^2+4x-1=0$

판별식 : $D=4^2-4\times1\times(-1)=16+4=20>0$

$\therefore$ 교점의 개수는 2개

22-4. 정답 : 1개

(풀이)

두 함수를 연립 : $y=x^2-4x-2=2x-11 \ \rightarrow \ x^2-6x+9=0$

판별식 : $D=(-6)^2-4\times1\times9=36-36=0$

$\therefore$ 교점의 개수는 1개

22-5. 정답 : 0개

(풀이)

두 함수를 연립 : $y=2x^2+3x+1=x-3 \ \rightarrow \ 2x^2+2x+4=0$

양변 $\div2 \ \rightarrow \ x^2+x+2=0$

판별식 : $D=1^2-4\times1\times2=1-8=-7<0$

$\therefore$ 교점의 개수는 0개

22-6. 정답 : 2개

(풀이)

두 함수를 연립 : $y=x^2-2x-3=x-5 \ \rightarrow \ x^2-3x+2=0$

판별식 : $D=(-3)^2-4\times1\times2=9-8=1>0$

$\therefore$ 교점의 개수는 2개

---

p.122~125

01-1. 정답 : 처음 흰색 이후 회→검 반복 / 회색

(풀이)

규칙 : 처음 흰색 이후 회→검 반복됩니다.

100번째 올 색깔 : 회색

01-2. 정답 : 파→흰→검 반복 / 파란색

(풀이)

규칙 : 파→흰→검 반복됩니다.

100번째 올 색깔 : 파란색

01-3. 정답 : 흰 2개→회 2개→파 2개 반복 / 회색

(풀이)

규칙 : 흰 2개→회 2개→파 2개 반복됩니다.

100번째 올 색깔 : 회색

01-4. 정답 : 흰→회→회→검 반복 / 검정색

(풀이)

규칙 : 흰→회→회→검 반복됩니다.

100번째 올 색깔 : 검정색

01-5. 정답 : 흰→회→파→파→회 반복 / 회색

(풀이)

규칙 : 흰→회→파→파→회 반복됩니다.

100번째 올 색깔 : 회색

02-1. 정답 : ㄱ 모양대로 구슬이 하나씩 늘어남 / 그림참조 / 13개

(풀이)

규칙 : ㄱ 모양대로 구슬이 하나씩 늘어납니다.

일곱 번째 올 그림

구슬의 개수 : 13개

02-2. 정답 : ■ 모양대로 구슬이 하나씩 늘어남 / 그림참조 / 49개

(풀이)

규칙 : ■ 모양대로 구슬이 하나씩 늘어납니다.

일곱 번째 올 그림

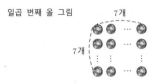

구슬의 개수 : 49개

02-3. 정답 : + 모양대로 구슬이 하나씩 늘어남 / 그림참조 / 25개

(풀이)

규칙 : + 모양대로 구슬이 하나씩 늘어납니다.

일곱 번째 올 그림

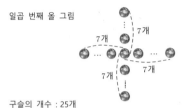

구슬의 개수 : 25개

02-4. 정답 : □ 모양대로 홀수개씩 늘어남 / 그림참조 / 48개

(풀이)

규칙 : □ 모양대로 홀수개씩 늘어납니다.

일곱 번째 올 그림

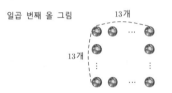

구슬의 개수 : 48개

02-5. 정답 : x 모양대로 구슬 하나씩 늘어남 / 그림참조 / 25개

(풀이)

규칙 : x 모양대로 구슬 하나씩 늘어납니다.

일곱 번째 올 그림

구슬의 개수 : 25개

03-1. 정답 : 풀이참조

(풀이)

(1) 규칙 : 백의 자리와 일의 자리는 숫자 1을 시작으로 1씩 늘어나고 십의 자리 숫자는 숫자 2를 시작으로 1씩 늘어납니다.

일곱 번째 올 숫자 : 787

(2) 규칙 : 백의 자리 숫자는 3을 시작으로 1씩 늘어나고 십의 자리 숫자는 1을 시작으로 1씩 늘어납니다.

일곱 번째 올 숫자 : 972

03-2. 정답 : 풀이참조

(풀이)

(1) 규칙 : 37에 3, 6, … 곱하면 111, 222처럼 1이 3개, 2가 3개와 같은 형태가 됩니다.

네모 안 숫자 : 21, 777

(2) 규칙 : 101에 11, 22, … 곱하면 1이 네 개, 2개 네 개와 같은 형태가 됩니다.

네모 안 숫자 : 77, 7777

03-3. 정답 : 풀이참조

(풀이)

(1) 규칙 : 가로 숫자와 세로 숫자를 곱한 값에서 각 자릿수의 합을 나타냅니다.

① : 15

② : 15

(2) 규칙 : 2111을 기준으로 오른쪽은 22, 33, 44를 더해졌고 아래로는 200, 300, 400을 더해져 내려갑니다.

① : 2333

② : 2710

04-1. 정답 : 풀이참조 / 20 / 77

(풀이)

규칙 : 2를 시작으로 3씩 더해져 가는 규칙입니다.

일곱 번째 올 숫자 : 20

일곱 번째까지 숫자들의 합 : $2+5+8+11+14+17+20=77$

04-2. 정답 : 풀이참조 / 19 / 70

(풀이)

규칙 : 1을 시작으로 3씩 더해져 가는 규칙입니다.

일곱 번째 올 숫자 : 19

일곱 번째까지 숫자들의 합 : $1+4+7+10+13+16+19=70$

04-3. 정답 : 풀이참조 / 128 / 254

(풀이)

규칙 : 2를 시작으로 2씩 곱해져 가는 규칙입니다.

일곱 번째 올 숫자 : 128

일곱 번째까지 숫자들의 합 : $2+4+8+16+32+64+128=254$

04-4. 정답 : 풀이참조 / 729 / 1093

(풀이)

규칙 : 1을 시작으로 3씩 곱해져 가는 규칙입니다.

일곱 번째 올 숫자 : 729

일곱 번째까지 숫자들의 합 : $1+3+9+27+81+243+729=1093$

04-5. 정답 : 풀이참조 / 23 / 70

(풀이)

규칙 : 2를 시작으로 처음에는 1, 두 번째는 2, 세 번째는 3씩 단계별로 더해져 가는 규칙입니다.

일곱 번째 올 숫자 : 23

일곱 번째까지 숫자들의 합 : $2+3+5+8+12+17+23=70$

04-6. 정답 : 풀이참조 / 365 / 550

(풀이)

규칙 : 1을 시작으로 처음에는 1, 두 번째는 3, 세 번째는 9씩 단계별로 더해져 가는 규칙입니다.

일곱 번째 올 숫자 : 365

일곱 번째까지 숫자들의 합 : $1+2+5+14+41+122+365=550$

07 도형 – 삼각형

도형

p.133~135

01-1. 정답 : 삼각형이 될 수 없음

(풀이)

제일 긴 변의 길이 : 5

나머지 두 변의 길이 : 2, 2

$5 > 2+2$

∴ 삼각형이 될 수 없습니다.

01-2. 정답 : 삼각형이 될 수 있음

(풀이)

제일 긴 변의 길이 : 4

나머지 두 변의 길이 : 3, 4

$4 < 3+4$

∴ 삼각형이 될 수 있습니다.

01-3. 정답 : 삼각형이 될 수 없음

(풀이)

제일 긴 변의 길이 : 5

나머지 두 변의 길이 : 2, 3

$5 = 2+3$

∴ 삼각형이 될 수 없습니다.

01-4. 정답 : 삼각형이 될 수 있음

(풀이)

제일 긴 변의 길이 : 4

나머지 두 변의 길이 : 4, 4

$4 < 4+4$

∴ 삼각형이 될 수 있습니다.

01-5. 정답 : 삼각형이 될 수 있음

(풀이)

제일 긴 변의 길이 : $\sqrt{2}$

나머지 두 변의 길이 : 1, 1

$\sqrt{2} < 1+1$

∴ 삼각형이 될 수 있습니다.

01-6. 정답 : 삼각형이 될 수 있음

(풀이)

제일 긴 변의 길이 : 2

나머지 두 변의 길이 : $1, \sqrt{3}$

$2 < 1 + \sqrt{3}$

$\therefore$ 삼각형이 될 수 있습니다.

02-1. 정답 : $\angle C$가 직각인 직각 삼각형

(풀이)

1) $5 < 3 + 4$ $\therefore$ 삼각형이 될 수 있습니다.

2) 같은 변은 없습니다.

3) $5^2 = 25 = 3^2 + 4^2$ $\therefore$ $\angle C$가 직각

$\therefore$ $\angle C$가 직각인 직각 삼각형

02-2. 정답 : $a = b$이고 $\angle C$가 둔각인 이등변 삼각형

(풀이)

1) $5 < 3 + 3$ $\therefore$ 삼각형이 될 수 있습니다.

2) $a = b = 3$ $\therefore$ $a = b$

3) $5^2 = 25 > 18 = 3^2 + 3^2$ $\therefore$ $\angle C$가 둔각

$\therefore$ $a = b$이고 $\angle C$가 둔각인 이등변 삼각형

02-3. 정답 : 정 삼각형

(풀이)

1) $3 < 3 + 3$ $\therefore$ 삼각형이 될 수 있습니다.

2) $a = b = c = 3$ $\therefore$ $a = b = c$

3) $3^2 = 9 < 18 = 3^2 + 3^2$ $\therefore$ 예각

$\therefore$ 정 삼각형

02-4. 정답 : $\angle C$가 직각인 직각 삼각형

(풀이)

1) $13 < 5 + 12$ $\therefore$ 삼각형이 될 수 있습니다.

2) 같은 변은 없습니다.

3) $13^2 = 169 = 5^2 + 12^2$ $\therefore$ $\angle C$가 직각

$\therefore$ $\angle C$가 직각인 직각 삼각형

02-5. 정답 : $\angle C$가 직각인 직각 삼각형

(풀이)

1) $2 < 1 + \sqrt{3}$ $\therefore$ 삼각형이 될 수 있습니다.

2) 같은 변은 없습니다.

3) $2^2 = 4 = 1^2 + (\sqrt{3})^2$ $\therefore$ $\angle C$가 직각

$\therefore$ $\angle C$가 직각인 직각 삼각형

02-6. 정답 : $a = b$이고 $\angle C$가 직각인 직각 이등변 삼각형

(풀이)

1) $\sqrt{10} < \sqrt{5} + \sqrt{5}$ $\therefore$ 삼각형이 될 수 있습니다.

2) $a = b = \sqrt{5}$ $\therefore$ $a = b$

3) $(\sqrt{10})^2 = 10 = \sqrt{5}^2 + \sqrt{5}^2$ $\therefore$ $\angle C$가 직각

$\therefore$ $a = b$이고 $\angle C$가 직각인 직각 이등변 삼각형

03-1. 정답 : 2

(풀이)

밑변 : $2\sqrt{2}$, 높이 : $\sqrt{2}$

삼각형 넓이 : $\frac{1}{2} \times 2\sqrt{2} \times \sqrt{2}$

$\therefore$ 삼각형 넓이는 2입니다.

03-2. 정답 : $\sqrt{3}$

(풀이)

사잇각 : $60°$, 양 변 : $2, 2$

삼각형 넓이 : $\frac{1}{2} \times 2 \times 2 \times \sin 60°$ $= \frac{1}{2} \times 2 \times 2 \times \frac{\sqrt{3}}{2}$

$\therefore$ 삼각형 넓이는 $\sqrt{3}$ 입니다.

03-3. 정답 : 1

(풀이)

밑변 : 2, 높이 : 1

삼각형 넓이 : $\frac{1}{2} \times 2 \times 1$

$\therefore$ 삼각형 넓이는 1입니다.

03-4. 정답 : 1

(풀이)

사잇각 : $150°$, 양 변 : $2, 2$

삼각형 넓이 : $\frac{1}{2} \times 2 \times 2 \times \sin 150°$ $= \frac{1}{2} \times 2 \times 2 \times \frac{1}{2}$

$\therefore$ 삼각형 넓이는 1입니다.

03-5. 정답 : 9

(풀이)

밑변 : 6, 높이 : 3

삼각형 넓이 : $\frac{1}{2} \times 6 \times 3$

$\therefore$ 삼각형 넓이는 9입니다.

03-6. 정답 : $2\sqrt{2}$

(풀이)

사잇각 : $135°$, 양 변 : $2, 4$

삼각형 넓이 : $\frac{1}{2} \times 2 \times 4 \times \sin 135°$ $= \frac{1}{2} \times 2 \times 4 \times \frac{\sqrt{2}}{2}$

$\therefore$ 삼각형 넓이는 $2\sqrt{2}$ 입니다.

07 도형 - 사각형

도형

p.136

04-1. 정답 : 네 변 / 네 내각

04-2. 정답 : 네 내각

04-3. 정답 : 네 변

04-4. 정답 : 두 쌍 / 평행한

04-5. 정답 : 한 쌍 / 평행한

05-1. 정답 : 길이

05-2. 정답 : 이등분

05-3. 정답 : 수직이등분

05-4. 정답 : 길이 / 이등분

05-5. 정답 : 길이 / 수직이등분

07 도형 - 원과 부채꼴

도형

p.137~138

06-1. 정답 : (원의) 중심 / 반지름 / 평면

06-2. 정답 : 반지름 / (원의) 중심

06-3. 정답 : 호 / 현

07-1. 정답 : 25π / 10π

(풀이)

원의 넓이 : $\pi \times 5^2 = 25\pi$

원의 둘레 : $2\pi \times 5 = 10\pi$

07-2. 정답 : $\frac{1}{4}\pi$ / π

(풀이)

원의 넓이 : $\pi \times \left(\frac{1}{2}\right)^2 = \frac{1}{4}\pi$

원의 둘레 : $2\pi \times \frac{1}{2} = \pi$

07-3. 정답 : 2π / $2\sqrt{2}\pi$

(풀이)

원의 넓이 : $\pi \times (\sqrt{2})^2 = 2\pi$

원의 둘레 : $2\pi \times \sqrt{2} = 2\sqrt{2}\pi$

07-4. 정답 : $\frac{1}{8}\pi$ / $\frac{1}{4}\pi$

(풀이)

부채꼴의 넓이 : $\pi \times 1^2 \times \frac{45}{360} = \pi \times 1 \times \frac{1}{8} = \frac{1}{8}\pi$

부채꼴의 호 길이 : $2\pi \times 1 \times \frac{45}{360} = 2\pi \times 1 \times \frac{1}{8} = \frac{1}{4}\pi$

07-5. 정답 : $\frac{1}{27}\pi$ / $\frac{2}{9}\pi$

(풀이)

부채꼴의 넓이 : $\pi \times \left(\frac{1}{3}\right)^2 \times \frac{120}{360} = \pi \times \frac{1}{9} \times \frac{1}{3} = \frac{1}{27}\pi$

부채꼴의 호 길이 : $2\pi \times \frac{1}{3} \times \frac{120}{360} = 2\pi \times \frac{1}{3} \times \frac{1}{3} = \frac{2}{9}\pi$

07-6. 정답 : $\frac{1}{2}\pi$ / $\frac{\sqrt{3}}{3}\pi$

(풀이)

부채꼴의 넓이 : $\pi \times (\sqrt{3})^2 \times \frac{60}{360} = \pi \times 3 \times \frac{1}{6} = \frac{1}{2}\pi$

부채꼴의 호 길이 : $2\pi \times \sqrt{3} \times \frac{60}{360} = 2\pi \times \sqrt{3} \times \frac{1}{6} = \frac{\sqrt{3}}{3}\pi$

07-7. 정답 : 1

(풀이)

부채꼴의 넓이 : $\frac{1}{2} \times 1 \times 2 = 1$

07-8. 정답 : 6

(풀이)

부채꼴의 넓이 : $\frac{1}{2} \times 3 \times 4 = 6$

07-9. 정답 : $\frac{3}{2}$

(풀이)

부채꼴의 넓이 : $\frac{1}{2} \times \frac{1}{2} \times 6 = \frac{3}{2}$

〈퀴즈 정답〉

01. 정답 : $\frac{24}{5}$

02. 정답 : 1

03. 정답 : 8

04. 정답 : $2 \times \sqrt{2+2} = 4$ 또는 $2 + \sqrt{2 \times 2}$

05. 정답 : 4

06. 정답 : A

07. 정답 :

08. 정답 : 10개